山东省黄河流域居住区景观工程

单　辉　焉保川　孙庆波　主　编

中国建材工业出版社

图书在版编目（CIP）数据

山东省黄河流域居住区景观工程/单辉，焉保川，孙庆波主编--北京：中国建材工业出版社，2023.7

ISBN 978-7-5160-3761-4

Ⅰ.①山… Ⅱ.①单… ②焉… ③孙… Ⅲ.①黄河流域－居住区－景观设计－山东 Ⅳ.①TU984.12

中国国家版本馆 CIP 数据核字（2023）第 105070 号

山东省黄河流域居住区景观工程

SHANDONG SHENG HUANGHE LIUYU JUZHUQU JINGGUAN GONGCHENG

单　辉　焉保川　孙庆波　主　编

出版发行：中国建材工业出版社

地　　址：北京市海淀区三里河路 11 号

邮　　编：100831

经　　销：全国各地新华书店

印　　刷：北京雁林吉兆印刷有限公司

开　　本：710mm×1000mm　1/16

印　　张：7

字　　数：140 千字

版　　次：2023 年 7 月第 1 版

印　　次：2023 年 7 月第 1 次

定　　价：69.00 元

本社网址：www.jccbs.com，微信公众号：zgjcgycbs

本书编委会

主　编：单　辉　焉保川　孙庆波

副主编：李　喆　何立云　李广惠

柳家宁　李　玉　唐海龙

尹春亮　李新天　王　鹏

李泳波　姜艳艳　吴扬睿

前　言

山东省黄河两岸属于华北地台构造区域，处于低山丘陵地带，海拔500～1000m，区域内地貌属黄河冲积平原，地形开阔平坦。受黄河频繁决口影响，微地形复杂，主要以缓平坡地为主，微向沿海倾斜。从该流域年径流深等值线来看，流域水资源的地区分布很不均匀，由南向北呈递减趋势；平均年降水量600mm左右，年径流深100～200mm，流域浅层地下水为松散岩类孔隙水，由大气降水和地表水补给，以孔隙潜水形式存在，含水层厚度大，水位埋藏浅，水量较丰；有砂性土、黏性土两种表层地质类型：砂性土土壤较疏松，易耕作，但因地下水位埋深较浅，地下水矿化度高，土壤盐碱化严重，作物的生长受到严重阻碍；黏性土在全区分布较广泛，土呈棕红色、褐黄色，表层团粒结构发育较好，下部结构密实，发达的植物根系集中在土质表层。

实践调研发现，居住区室外景观要从人群的实际需求出发，尊重当地民俗文化，为居民打造一个有归属感的生活环境。按照住房城乡建设部发布的《完整居住社区建设指南》要求为居民提供便捷、完善的公共服务，构建社区15分钟、邻里10分钟、街坊5分钟三级生活圈，设立“关系型社区”。

本书从园林绿化、景观设计、花木养护的角度，规范居住区室外景观工程的建设与管理，以保障山东省黄河两岸居住区景观设计的质量，指导设计单位、施工单位及其后期养护单位的技术人员正确掌握该区域室外景观工程建设的理念、原则和方法。

本书在编撰过程中引用了相关规范、规程、标准，在此向相关单位致以诚挚的谢意。

因编者水平有限，书中难免存在不足之处，敬请各位专家、读者不吝赐教。

编　者

2023年4月

目　录

1 总　　则

1.1 编制目的

针对山东省黄河两岸居住区大量的室外景观工程，为保证初步设计阶段与施工图设计阶段设计文件的质量和完整性，规范工程建设阶段与后期养护阶段各方工作的操作程序，加强对工作各个环节的监控，以达到确保设计质量、工程质量、进度、控制成本的目的。

1.2 主要编制依据

1.2.1 国家和地方现行的设计标准、规范、规程、标准图集等。

《城市居住区规划设计标准》（GB 50180—2018）

《城市绿地设计规范》（GB 50420—2007）（2016 年版）

《城市园林绿化评价标准》（GB/T 50563—2010）

《无障碍设计规范》（GB 50763—2012）

《室外排水设计标准》（GB 50014—2021）

《城乡建设用地竖向规划规范》（CJJ 83—2016）

《风景园林基本术语标准》（CJJ/T 91—2017）

《建筑场地园林景观设计深度及图样》（06SJ805）

《住房城乡建设部关于印发海绵城市专项规划编制暂行规定的通知》（建规〔2016〕50 号）

《海绵城市设计规程》（DB37/T 5060—2016）

《风景园林制图标准》（CJJ/T 67—2015）

《园林绿化工程施工及验收规范》（CJJ 82—2012）

《环境景观——室外工程细部构造》（15J012-1）

《室外工程》（12J003）

《建筑场地园林景观设计深度及图样》（06SJ805）

《住房和城乡建设部关于发布市政公用工程设计文件编制深度规定（2013 年版）的通知》（建质〔2013〕57 号）

1.2.2 批准的上位规划、项目方案设计文件；项目可行性研究报告及立项批文；项目周边的道路高程及市政设计资料等。

1.2.3 建设单位确定的设计任务书。

1.3 适用范围

本书适用于山东省黄河两岸居住区室外景观工程，包括对室外景观初步设计、施工图设计、室外工程建设阶段以及后期养护阶段工作流程的指导与控制。

1.4 指导原则

1.4.1 坚持社会性原则

赋予环境景观亲切宜人的艺术感召力，通过美化生活环境，体现社区文化，促进人际交往和精神文明建设，并提倡公共参与设计、建设和管理。

1.4.2 坚持经济性原则

顺应市场发展需求及地方经济状况，注重节能、节材，合理使用土地资源。提倡朴实简约，反对铺张，并尽可能采用新技术、新材料、新设备，达到优良的性价比。

1.4.3 坚持生态原则

应尽量保持现存的良好生态环境，改善原有的不良生态环境。提倡将先进的生态技术运用到环境景观的塑造中去，有利于人类的可持续发展。

1.4.4 坚持地域性原则

应体现所在地域的自然环境特征，因地制宜地创造出具有时代特点和地域特征的空间环境，避免盲目移植。

1.4.5 实现景观效果与目标成本间的平衡

在景观设计过程中，一方面要形成动人的景观效果，并满足各种功能需求；另一方面应充分考虑目标成本的实现。因此，采用检验相关设计指标、把控各种工艺细节等手段，从而最终实现景观效果与目标成本间的平衡。

2 术　　语

2.0.1 初步设计　preliminary design

扩展深化方案设计，明确园林绿地中各要素的具体形态及结构，用以指导施工图阶段的设计活动。

2.0.2 施工图设计　construction drawing design

在初步设计的基础上，明确园林绿地中各要素的工程做法的设计活动。

2.0.3 景观　landscape

可引起良好视觉感受的景象。

2.0.4 铺装

铺装是指园林绿地中采用天然或人工的材料，如砂石、混凝土、沥青等，按照一定的形式或规律铺设于地面形成的地表形式，又称铺地。铺装不仅包括路面，而且包括广场、庭院、停车场等铺装。

2.0.5 中心花园

中心花园服务于整个园区，宜设置在园区中心位置、面积较大、景观元素丰富的特定区块，并与公共建筑、服务设施相结合，成为居住景观的亮点和活动的中心。

2.0.6 组团花园

组团花园空间主要指园区中由建筑与建筑围合而形成的组团活动空间，用于满足邻里交流及小范围活动的需要。

2.0.7 造景　landscaping

使环境具有观赏价值或更高观赏价值的活动。

2.0.8 借景　borrowing landscape

对景观自身条件加以利用或借用外部景观从而完善园林自身的方法。

2.0.9 对景　corresponding views

让景物产生呼应关系的造景手法。

2.0.10 障景　obstacle view，view barrier

遮住破坏景观的事物或者通过设置屏障遮住主景物从而增加空间层次的造景手法。

2.0.11 场地设计　site planning

为满足建设项目的要求，在基地现状条件和相关法律法规、行业规范的基础上，组织场地中各构成要素之间关系的活动。

2.0.12 竖向设计　vertical design，landscape section and elevations

以场地现状地形条件为基础，以控制场地中各设计要素标高为重点的垂直空间安排。

2.0.13 地形设计 landform design，grading design

对原有地形、地貌进行工程结构和艺术造型改造的设计。

2.0.14 土石方平衡 earthwork balance

场地内挖方量和填方量基本一致的状态。

2.0.15 微地形 nannorelief

园林景观中依照天然地貌或人为造出的像微小的丘陵似的地形。

2.0.16 缓坡草坪 mild-lawn

在坡度较小地形上栽种的草坪。

2.0.17 挡土墙 retaining wall

指防止土体变形失稳的墙体构造物。

2.0.18 土壤安息角 angle of repose of soil

堆积土壤的坡面与水平地面间所形成的最大稳定角度。

2.0.19 种植设计 planting design

按植物生态习性、观赏特性和功能要求，合理配置各种植物的综合安排。

2.0.20 立体绿化 vertical greening

平面绿化以外的其他所有绿化方式。

2.0.21 屋顶绿化 roof greening

在各类建筑物和构筑物顶面的绿化。

2.0.22 孤植 specimen planting，isolated planting

单株树木或同种几株紧密地种在一起，作为独立观赏焦点的栽植方式。

2.0.23 对植 symmetrical planting，coupled planting

两株或两丛相似树木按一定轴线关系相对应、对称的植物配植方式。

2.0.24 列植 linear planting

沿直线或曲线以等株距或按一定的变化规律而进行的植物配植方式。

2.0.25 群植 mass planting

由多株树木混合成丛、成群的植物配植方式。

2.0.26 丛植 group planting

将一株以上树木配植成一个整体的植物配植方式。

2.0.27 花境 flower border

多种花卉自然式交错混合并带状种植的栽植形式。

2.0.28 绿篱 hedge

由木本植物成行密植而形成的植物墙篱。

2.0.29 行道树 avenue tree，street tree

种在道路两旁及分车带，为车辆和行人遮阴并构成街景的树。

2.0.30　树阵　tree array

阵列式规则种植的乔木栽植方式。

2.0.31　种植池（钵）　planter

用以栽种植物的空间或器物。

2.0.32　植物季相　seasonal appearance of plant

植物因季节变化表现出的外观。

2.0.33　适地适树　matching species with the site

立地条件与树种特性相互适应的种植方法。

2.0.34　园林植物　landscape plant

适用于园林中栽植且具有观赏价值的植物。

2.0.35　观赏植物　ornamental plant

专门培植，以供人欣赏的植物。

2.0.36　乡土植物　native specie

原产于本地或通过长期引种驯化适应本地生长的植物。

2.0.37　宿根花卉　perennial flower

植株地下部分可以宿存于土壤中越冬，翌年春天地上部分又可萌发生长、开花、结籽的花卉。

2.0.38　地被植物　ground cover plant

用于覆盖地面的密集、低矮、无主枝干的植物。

2.0.39　攀缘植物　tendril climber plant

是指能缠绕或依靠附属器官攀附他物向上生长的植物。

2.0.40　古树名木　historical tree and famous tree

树龄在100年以上的树木，珍贵稀有的树木，具有历史、文化、科研价值和重要纪念意义等树木的统称。

2.0.41　带土球移植　transplanting with soil ball

树木移植时随带根系周围原生长处土壤，并将其捆扎成土球的移植方式。

2.0.42　定植　field planting

苗木按照一定的株行距进行栽植的过程。

2.0.43　浸穴　pre-watering planting hole

种植树木前对树穴进行灌水的活动。

2.0.44　种植穴（槽）　plant hole and trough

种植植物挖掘的坑穴。坑穴为圆形或长方形称种植穴，长条形的称种植槽。

2.0.45　喷灌　sprinkler irrigation

利用喷头等专用设备把有压水喷洒到空中，形成水滴落到植物表面的灌溉方法。

2.0.46　胸径　diameter of trunk

乔木主干距离地表面 1.3m 处的直径。

2.0.47 分枝点 branch point

乔木主干距地面最近的分枝部位。

2.0.48 追肥 adding fertilizer

植物生长过程中加施的肥料。

2.0.49 基肥 basic fertilizer

植物栽植前，为保障基本肥力所施用的肥料。

2.0.50 修剪 pruning

将植物的某一部分剪短或疏删，以达到平衡树势、更新复壮、美观的活动。

2.0.51 病虫害防治 pest control

对园林病害和虫害的发生及危害进行综合预防和控制的活动。

2.0.52 汀步 stepping stone

按照一定间距设置的微露水面的踏步。

2.0.53 无障碍坡道 ease access for the disabled

适宜行动不便的人使用的坡道。

2.0.54 园林小品 small garden ornaments and site furniture

园林中供人使用和装饰的小型建筑物和构筑物。

2.0.55 花架 pergola，trellis

供植物攀附的格架。

2.0.56 景墙 feature wall

园林中具有观赏价值的墙体。

2.0.57 标识牌 signboard

用于指示景点及服务设施、科普解说的牌子。

3 室外景观工程各元素设计标准

3.1 硬质景观

园区硬质景观元素包括铺装、水景、构筑物、小品、场地竖向设计以及其他细节（挡土墙、台阶、坡道等）。硬质景观元素作为安置区景观构成的重点部分，是整体景观风格外在表达的重要元素，也是安置区住户主要的活动场所。硬质景观元素形式、材质、色彩等需注意以下内容：

①尺度：硬质景观元素的尺度应符合大的空间结构要求，且应符合自身比例关系及人的舒适度要求。

②材质：材质的选择应与建筑材料协调、统一。在硬质材料的材质选择上应重视易采购、易施工、易维护的特点。

③色彩：硬质材料的色彩搭配应相互协调，色彩种类不宜过多，控制在 4～5 种为佳，且应具有一定的系统性和差异性，并注意与周边建筑的立面色彩保持一致。不同材料之间的色彩跨度不应过大，并应注意同种材料经过不同的加工工艺会呈现不同的色彩。

④形式：各类硬质材料应具备统一性与可识别性，形状设计宜相对规整，形状奇特、实用性不强的铺装形式应尽量避免。例如，铺装应用同类或同种材料，可选用不同的拼花形式或板材规格，达到既统一又有变化。

⑤材料处理方式：为保证使用的安全及便利性，硬质面层处理方式选择需慎重。如户外活动场地，应避免光面及过于凹凸不平铺装面层的使用。

3.1.1 铺装

铺装是安置区室外景观重要组成部分，室外铺装设计对整体室外环境有着直接的影响。精心设计的室外铺装，与周围环境融合，形成良好的铺装景观，既可提高场地的使用频率，又可提升室外景观的环境品质。

可以通过铺装尺度、铺装色彩、铺装图案、铺装质感等元素表现不同的铺装效果。铺装尺度大小应与空间尺寸相匹配。应根据不同使用人群的身高和视野设计符合他们行为习惯的小尺度空间。铺装色彩的选择要充分考虑居民及其他使用人群心理感受，与周围环境的色调相协调。可以利用文字、图案、符号等细部设计来突出空间的个性特色。

铺装质感应根据不同场地的作用给人带来不同感觉。大空间如入口广场、主要活动广场等宜选用质地粗大、厚实，线条较为明显的材料，给人以稳重、开朗感。小空间如儿童活动场地、健身广场等则宜选用较细小、圆滑、精细的材料，给人精致、柔和的感觉。

3.1.1.1 居住区及中小学铺装的材质、尺寸及应用范围（表 3-1）

表 3-1 居住区及中小学铺装的材质、尺寸及应用范围

材料名称		一般规格	使用范围	主要特点
沥青	沥青路面	整体性铺装	车行道、停车场	热辐射低，光反射弱，耐久性好，维护成本低。表面不吸水、不吸尘；遇溶解剂可溶解。弹性随混合比例而变化，遇热变软
	彩色沥青路面	整体性铺装	健身步道、消防登高面	
	透水性沥青路面	整体性铺装	车行道、停车场（与海绵城市设计相结合）	
混凝土	彩色混凝土路面	现浇，设伸缩缝；板块铺装路面。厚 80～140mm（人行），160～220mm（车行）	儿童活动广场、健身跑道、消防登高面	坚硬，无弹性，色彩丰富，铺装施工容易。耐久，全年使用。维护成本低，遇撞击易碎
	水洗石路面	粒径 5～15mm 的石材颗粒与混凝土混合而成	广场、园路	表面光滑，可配成多种色彩。有一定硬度，可组成图案装饰
天然材料	花岗岩	可加工成各种几何形状。厚 30～40mm（人行），50～100mm（车行）	广场、园路、消防登高面	坚硬密实，耐久，抗风化强，承重大。加工成本高，易受化学腐蚀，表面粗糙，不易清扫。表面光滑，防滑性差，价格较高
	木材	可加工成各种几何形状；木板材厚 20～60mm。木料（砖）厚>60mm	广场	有一定弹性，步行舒适，防滑，透水性强。成本较高，不耐腐蚀，应选耐潮湿木料，价格较高
砖	水泥砖	方形、矩形、菱形、嵌锁形、异型。长宽 100～500mm；厚 45～100mm	车行道、人行道、广场	价格低廉，施工简单
	PC 仿石水泥砖	方形、矩形、嵌锁形、异型。长宽 100～300mm；厚 12～40mm（人行）、50～60mm（车行）	人行道、广场	面层

续表

材料名称		一般规格	使用范围	主要特点
砖	烧结砖	方形、矩形、菱形、嵌锁形、异型。长宽 100～500mm；厚 45～100mm	人行道、广场	质量较轻，隔热、吸热能力更好
	透水砖			表面有微孔，形状多样，相互咬合，反光较弱
合成材料	塑胶	厚 10mm	广场、人行道	质轻耐重、防火耐腐、隔热隔声。不耐高温、有热膨胀性，防水性差
	弹性橡胶垫	厚 15～25mm	健身、儿童游戏场地	

3.1.1.2　居住区幼儿园铺装的材质及适用类型（表 3-2）

表 3-2　居住区幼儿园铺装的材质及适用类型

铺装材料	优点	缺点	适用类型	适用对象
塑胶地垫	色彩艳丽、图案丰富，具有缓冲保护功能	劣质产品会散发有害气体	滑梯等游戏器械下	3～6 岁
沙地	使用灵活、功能多样、可被儿童作为游戏道具或保护性地面材料	长期使用损耗大，易隐藏杂物、滋生细菌，需要定期清洁、消毒、补充、更换	玩沙区、游戏器械下	3～6 岁
松散材料	使用灵活、功能多样、可被儿童作为游戏道具或保护性地面材料，且规模较大不易被儿童误食，此材料支持更广泛的创造类游戏	长期使用损耗大，易隐藏杂物、滋生细菌，需要定期清洁、消毒、补充、更换	堆塑类游戏	3 岁以下；3～6 岁
木质地坪漆	安全、恒温、更具亲和力	随外界温度变化膨胀或收缩，使用寿命短	家长休息区、照看区	儿童看护人
草坪	最具自然元素的软质界面，多功能场地	需按其生长习性定期修剪养护管理	亲子类游戏、球类游戏、运动类游戏	3 岁以下；3～6 岁
天然石材、砖	色彩多样，表面可加工不同粗糙度，可堆砌平整地面，使用寿命很长	质地坚硬、无保护作用	车类游戏、滑轮游戏、绘画场地	3～6 岁

3.1.1.3　居住区重要场地铺装材质推荐及示意图

(1) 入口广场

小区主要入口铺装，既需要与园区整体铺装成一个系列，又需要突出出入口的可识别性，建议面层采用硬度较高、效果较好且比较耐磨损的花岗岩及 PC 仿石砖；铺装面层厚度及基层做法根据是否有通车需要而定（图 3-1、图 3-2）。

图 3-1　花岗岩面层广场

图 3-2　PC 仿石砖面层广场

(2) 主要活动广场

主要活动广场一般为整个居住区内核心活动区域，对景观效果要求较高，广场整体铺装风格应简洁大方，可适当增加铺装界格以丰富平面层次。重点推荐面层材质包括花岗岩、PC 仿石砖、烧结砖，如图 3-3～图 3-5 所示。

图 3-3　花岗岩面层活动广场

图 3-4　PC 仿石砖活动广场

(3) 儿童活动广场

儿童活动广场处铺装设计应符合儿童心理学及美学，铺装材质应满足舒适度、安全性及美观性多个方面需求。重点推荐面层材质包括 25mmEPDM 塑胶面层、彩色混凝土，如图 3-6、图 3-7 所示。

(4) 园路（图 3-8～图 3-10）

1) 主园路。主园路宽度宜为 2～4m，铺装形式应简洁大方，且道路系统布局便于居民通往入户门厅。铺装材料以 PC 仿石砖为主，部分区域或采用烧结

图 3-5　烧结砖面层活动广场

砖、水洗石等材料。铺装面整体色调应与建筑立面相匹配，主面颜色不宜超过 4 种，颜色之间对比不宜过度强烈。

图 3-6　EPDM 塑胶活动广场

图 3-7　彩色混凝土活动广场

2）次园路。次园路宽度宜为 1.2～2m。材料建议与主园路统一，可用 PC 仿石砖、烧结砖、水洗石等面层，可采用不同的铺装形式。

图 3-8　PC 仿石砖园路

图 3-9　烧结砖园路

图 3-10　水洗石园路

(5) 健身跑道

1) 位置

①结合消防车道设置(图 3-11)。当跑道不能独立设置时，结合消防道路设置的环形跑道，建议做成 1.8m 双向跑道，目的是充分利用场地，丰富场地使用功能。

②结合园路设置(图 3-12)。结合园路设置跑道，建议园路宽度在 2.5m，设置 1.2m 单跑道。

③单独设置(图 3-13)。独立设置跑道，宽度建议 1.8m，以满足两人并行及超跑。

图 3-11　结合消防车道设置

图 3-12　结合园路设置

2) 推荐材质。重点推荐材质包括 13mmEPDM 塑胶面层、彩色混凝土面层、彩色沥青面层。

(6) 消防登高面、消防回车场地

随着我国建筑防火规范执行方面对回车场地、消防登高场地等的验收要求越

图 3-13　单独设置

来越严格，导致室外景观出现大规模的硬地，对景观形成消极的影响。在保证安全的前提下，可以通过铺装的变化消除大面积硬质铺装场地带来的生硬感，增加消防登高面与消防火车场地的可观赏性。推荐面层材质包括彩色沥青面层、PC仿石砖面层、彩色混凝土面层，如图 3-14～图 3-16 所示。

图 3-14　彩色沥青面层

图 3-15　PC 仿石砖面层

图 3-16　彩色混凝土面层

（7）消防车道

一般以沥青路面为主，园区内车行道路若为双车道并考虑单侧停车，路宽不得小于 7.5m。在园区道路系统与机动车主干道相交处，宜设置小型硬质场地作为缓冲地带，提高安全性。

（8）非机动车停车位

非机动车停车位为安置区内重要的功能空间，铺装面材以耐磨、实用为主。推荐面层材质包括 PC 仿石砖、烧结砖等。

3.1.2 景观构筑物

（1）设计要求

初步设计应体现小区内主要构筑物的风格样式、体量尺度（包括长、宽、高）及主要选用材料。施工图设计中应该按照初步设计的要求绘制所有部位的详图，以便于施工及编制工程预算。

（2）主要构筑物

1）岗亭。岗亭的设计需与建筑风格相吻合。体量及位置的设置需要结合大门仔细推敲，具体尺度比例、细部元素均需与建筑主体、周边环境相融合。

2）景墙。景墙的设计应与建筑风格相吻合。通常与水景或绿化组合设置。景墙的尺度、材料应与周边环境相协调（表 3-3）。

表 3-3 景观墙尺度感受一览表

高度（m）	人的感受
0.3～0.6	对空间具有一定的限制能力，但视线不受遮挡
>0.6～1.5	在视觉上具有较强的连续性
>1.5～1.8	能给人心理感知上带来极强的封闭感
>1.8～4.4	多为挡土墙或者围墙，给人心理上带来一种庄重感
超过 4.5	一般以校园建筑物外墙浮雕为主

3）景亭。根据使用材料的不同可分为木亭、石柱亭等，需根据建筑风格及成本因素来考虑亭子的材料、样式。景亭的尺度应与周边环境相协调，同时考虑自身台基、柱身、屋顶 3 部分的比例关系。亭的高度宜在 2.4～3m，宽度宜在 2.4～3.6m，立柱间距宜在 3m 左右。木制凉亭应选用经过防腐处理的耐久性强的木材。

4）廊架。宜设置在组团花园中。如设置在组团花园中，一般结合儿童活动场地、观景平台设置。组成材料有木、石、钢筋混凝土、金属等。通常采用木材、木材与石材（或仿石材料）相结合的形式。廊架的尺度应与周边环境相协调。一般高度宜在 2.2～2.5m 之间，宽度宜在 1.8～2.5m 之间。

5）围墙。围墙总体布局应设置在安置区场地红线内，围墙通常由墙体、墙柱、基础等组成，总高度不小于 2.4m。作为住宅周界围墙，按墙体样式的不同，主要有以下几种。

①全实墙：表面材料有涂料、石材、面砖等。有较好的私密性和安全性。实体墙体长度不应小于 5m，材料一般选用与建筑外墙同色系的涂料。

②实墙与格栅结合的围墙：通常用于档次较高、当地政府要求做通透性围墙；格栅部分常用于铁艺，花式丰富且可防攀爬，栏杆间距必须小于0.11m，材质一般选用黑色的铁艺栏杆。

面临城市主要街道的，通常采用全实体围墙、实体和格栅相结合围墙的形式，以石材干挂为佳。围墙外立面处于非主要城市街道的，可采用格栅与实体结合等形式，硬质面层材料上可采用真石漆以降低成本。

3.1.3 水景

水景设计风格应与建筑风格相协调。水景的设计尺度需注意其周边环境的比例关系以及水景自身的比例关系。设计时需考虑硬底人工水体近岸2.0m范围内，水深不得大于0.7m；汀步附近2.0m范围内，水深不得大于0.5m。无法满足此项要求的区域应设置安全护栏。另在设计时需考虑水声对住户的影响。

对居住区中的沿水驳岸（池岸），无论规模大小，无论是规则几何式驳岸（池岸）还是不规则驳岸（池岸），驳岸的高度、水的深浅设计都应满足人的亲水性要求，驳岸（池岸）尽可能贴近水面，以人手能触摸到水为最佳。亲水环境中的其他设施（如水上平台、汀步、栈桥、缆索等），也应以人与水体的尺度关系为基准进行设计。

3.1.4 景观小品

景观小品包括雕塑、花钵等；景观小品的风格应和建筑风格相匹配，小品的尺度应与周边环境相协调。

景观小品与周围环境共同塑造出一个完整的视觉形象，同时赋予景观空间环境以生气和主题，通常以其小巧的格局、精美的造型来点缀空间，使空间诱人而富于意境，从而提高整体环境景观的艺术境界。

一般结合入口水景、景墙、岗亭、围墙进行布置。材料可以采用石材、仿砂岩或者真石漆等，具体根据项目定位及目标成本选定。

另需注意，花钵底部应设计排水管，避免因排水不畅引起植物死亡。壁炉、花钵、雕塑、水钵等景观构筑物应与底座有可靠连接。

3.1.5 竖向设计

（1）设计原则

1）注重功能

①活动场地安全、便利。住宅区内老人和儿童较多，在竖向设计时，应减少台阶的设置；在竖向上避免过多变化，以满足安全使用的需要。

②无障碍通行。在高差变化大、台阶无法避免时，须考虑设置残坡，实现无障碍通行。

③排水通畅。排水设计需与竖向相结合，硬质场地、组团道路须控制在合理的坡度范围内，通过竖向低点设置雨水口解决排水问题。

2）景观层次丰富

①地形造坡。竖向设计一般通过地形造坡，并结合植栽设计，形成丰富的空间层次。

②结合景观构筑物。通过局部抬高或降低景观构筑物来丰富景观层次。当构筑物作为景观焦点时，可适当抬高该区域的标高；当在组团空间中，需形成较稳定的空间时，一般会适当降低此区域的标高，增强该空间的稳定感。

3）经济合理

①确保顶板荷载安全。高密度住宅景观多位于地下车库顶板，竖向设计的覆土厚度多受顶板荷载的制约。因此，竖向设计的高度需控制在安全荷载的范围内。

②注重成本控制。丰富的竖向设计会提升园区的景观效果，但也可能增加土方成本，在景观设计时需考虑景观效果与成本之间的平衡。

（2）一般规定

园林景观设计应依据修建性详细规划设计成果中的竖向规划图、建筑工程设计中的总平面图和室外管网设计施工图，明确各类场地的标高、坡度与坡向。校园竖向应满足各项工程建设场地及工程管线敷设的高程要求、场地地面排水及防洪、排涝要求。地形高差较大的学校应尽量避免高填、深挖，减少土石方、建（构）筑物基础、防护工程等的工程量。

常规坡度视觉感受及适用场所详见表 3-4。

表 3-4　常规坡度视觉感受及适用场所

坡度	视觉感受	适合场所	选择材料
1%	平坡，行走方便，排水困难	渗水路面，局部活动场	地砖、料石
2%～3%	微坡，较平坦，活动方便	室外场地、车道、草皮路、绿化种植区、园路	混凝土、沥青、水刷石
4%～10%	缓坡，导向性强	草坪广场、自行车道	种植砖、砌块
10%～35%	陡坡，坡形明显	坡面草皮	种植砖、砌块

（3）设计要点

1）出入口竖向设计

园区出入口的竖向设计方式通常由建筑室内首层标高与园区外市政道路标高决定；竖向设计应确保园区出入口车行、人行的便捷性，大面以平整铺装或局部放坡形式处理；应设置无障碍通道，满足各类人群需求，局部人行通道可设置台阶；出入口整体向园区外部放坡，满足排水要求。

2）中心花园竖向设计

中心花园竖向设计应以园区规划标高作为依据，总体符合园区的竖向走势，高差变化需结合轴线空间的收放采取不同的处理方式：

规则式中心花园的总体标高以同一高度为最佳，以保证轴线空间的连续，强化纵深感，形成气势完整、工整大气的序列空间；

自由式中心花园宜保持硬质景观空间的标高统一，在大草坪及绿化种植空间做堆坡处理，形成微地形空间。

3）组团花园竖向设计

组团花园园路的竖向设计可采用微坡变化处理，以增加空间的趣味性，同时有利于组织排水；

局部停留空间可适当下沉 0.30～0.45m，以强调场地围合感；

在草坪及绿化种植空间可做堆坡处理，形成微地形围合空间；

景亭、廊架作为组团内的景观焦点时，也可适当抬高此区域标高，以形成空间层次的变化。

4）竖向设计其他要求

与建筑交接面（散水、勒脚等部位）的景观覆土必须低于建筑室内标高不小于 100mm，并设置有组织排水系统；室外平台标高应低于建筑室内标高 100mm，并按 1%～2%设置有组织排水；室外临空处高差大于等于 700mm 时，必须设置栏杆或挡墙，也可密植一定宽度灌木。栏杆必须高于地坪可踏面 1200mm。

3.1.6 其他细节

（1）道路沿石

道路沿石即路缘石，可采用预制混凝土、砖、石料和合成树脂材料，高度以 100～150mm 为宜。绿地与混凝土路面、花砖路面、石路面交界处可不设路缘；与沥青路面交界处应设路缘。

（2）边沟

边沟是用于道路或地面排水的，车行道排水多用带铁箅子的 L 形边沟和 U 形边沟；广场地面多用蝶形和缝形边沟；铺地砖的地面多用加装饰的边沟，要注重色彩的搭配；平面型边沟水箅格栅宽度要参考排水量和排水坡度确定，一般采用 250～300mm；缝型边沟一般缝隙不小于 20mm。

（3）道路车挡、缆柱

车挡和缆柱是限制车辆通行和停放的路障设施，其造型设置地点应与道路的景观相协调；车挡和缆柱分为固定和可移动式的，固定车挡可加锁由私人管理。

车挡材料一般采用钢管和不锈钢制作，高度为 70cm 左右；通常设计间距为 60cm；有轮椅和其他残疾人用车地区，一般按 90～120cm 的间距设置，并在车挡前后设置约 150cm 的平路，以便轮椅的通行。

缆柱分为有链条式和无链条式两种。缆柱可用铸铁、不锈钢、混凝土、石材等材料制作，缆柱高度一般为 40～50cm，可作为街道座凳使用；缆柱间距宜为 120cm 左右。带链条的缆柱间距也可由链条长度决定，一般不超过 2m。缆柱链条可采用铁链、塑料链和粗麻绳制作。

(4) 台阶

台阶石选材应与附近铺装材质颜色、选材相协调。其他未体现处细节材质的选用原则既要与周边环境协调，又要根据具体目标成本选定。

台阶长度超过 3m 或需改变攀登方向的地方，应在中间设置休息平台，平台宽度应大于 1.2m，台阶坡度一般控制在 1/7～1/4 范围内，踏面应做防滑处理，并保持 1%的排水坡度。

为了方便晚间人们行走，台阶附近应设照明装置；人员集中的场所可在台阶踏步上安装地灯。

(5) 栏杆

栏杆具有拦阻功能，也是分隔空间的一个重要构件。栏杆大致分为以下 3 种。

1) 矮栏杆：高度为 30～40cm，不妨碍视线，多用于绿地边缘，也用于场地空间领域的划分。

2) 高栏杆：高度在 90cm 左右，有较强的分隔与拦阻作用。

3) 防护栏杆：高度在 100～120cm，超过人的重心，以起防护围挡作用。一般设置在高台的边缘，可使人产生安全感。

(6) 挡土墙

挡土墙的外观质感由用材确定，直接影响挡墙的景观效果。毛石和条石砌筑的挡土墙要注重砌缝的交错排列方式和宽度；预制混凝土预制块挡土墙应设计出图案效果；嵌草皮的坡面上须铺上一定厚度的种植土，并加入改善土壤保温性的材料，利于草根系的生长。

挡土墙必须设置排水孔，一般为 $3m^2$ 设一个直径 75mm 的排水孔，墙内宜敷设渗水管，防止墙体内存水。钢筋混凝土挡土墙必须设伸缩缝：配筋墙体每 30m 设一道；无筋墙体每 10m 设一道。

(7) 坡道

坡道是交通和绿化系统中重要的设计元素之一，直接影响使用和感观效果。居住区道路最大纵坡不应大于 8%；园路不应大于 4%；自行车专用道路最大纵坡控制在 5%以内；轮椅坡道一般为 6%；最大不超过 8.5%，并采用防滑路面；人行道纵坡不宜大于 2.5%。

(8) 池/树池箅

1) 树池是树木移植时根球（根钵）的所需空间，一般由树高、树径、根系的大小决定。

树池深度至少深于树根球以下 250mm。树池箅是树木根部的保护装置，既可保护树木根部免受践踏，又便于雨水的渗透和人步行的安全。

2) 树池箅应选择能渗水的石材、卵石、砾石等天然材料，也可选择具有图案拼装的人工预制材料，如铸铁、混凝土、塑料等，这些护树面层宜制成格栅装，并能承受一般的车辆荷载。

(9) 种植容器——花盆

1) 花盆是景观设计中传统种植器的一种形式。花盆具有可移动性和可组合性，能巧妙地点缀环境、烘托气氛。花盆的尺寸应适合所栽种植物的生长特性，有利于根茎的发育，一般可按以下标准选择：花草类盆深 20cm 以上，灌木类盆深 40cm 以上，中木类盆深 45cm 以上。

2) 花盆用材应具备一定的吸水保温能力，不易引起盆内过热和干燥。花盆可独立摆放，也可成套摆放，采用模数化设计能够使单体组合成整体，形成大花坛。

3) 花盆用栽培土应具有保湿性、渗水性和蓄肥性，其上部可铺撒树皮屑作为覆盖层，起到保湿装饰作用。

3.2 软景

3.2.1 相关规范

①绿化植物栽植间距要求见表 3-5。

表 3-5 绿化植物栽植间距要求

名称		不宜小于（中心～中心）(m)	不宜大于（中心～中心）(m)
一行行道树		4.00	6.00
两行行道树（棋盘式）		3.00	5.00
乔木群栽		2.00	—
乔木与灌木		0.50	—
灌木群栽	大灌木	1.00	3.00
	中灌木	0.75	0.50
	小灌木	0.30	0.80

②绿化植物与建筑物、构筑物最小间距要求见表 3-6。

表 3-6 绿化植物与建筑物、构筑物最小间距要求

建筑物、构筑物名称		最小间距 (m)	
		至乔木中心	至灌木中心
建筑物外墙	有窗	3.0～5.0	1.5
	无窗	2.0	1.5
挡土墙顶内和墙角外		2.0	0.5
围墙		2.0	1.0
道路路面边缘		0.75	0.5

续表

建筑物、构筑物名称	最小间距（m）	
	至乔木中心	至灌木中心
人行道路面边缘	0.75	0.5
排水沟边缘	1.0	0.5
体育用地	3.0	3.0
喷水冷却池外缘	40.0	—

③绿化植物与管线最小间距要求见表3-7。

表3-7　绿化植物与管线最小间距要求

管线名称	最小间距（m）	
	乔木（至中心）	灌木（至中心）
给水管、闸井	1.5	不限
污水管、雨水管、探井	1.0	不限
煤气管、探井	1.5	1.5
电力电缆、电信电缆、电信管道	1.5	1.0
热力管（沟）	1.5	1.5
地上杆柱（中心）	2.0	不限
消防龙头	2.0	1.2

④道路交叉口植物布置规定见表3-8。道路交叉口处种植树木时，必须留出非植树区，在该视野范围内不应栽植高于0.65m的植物，以保证行车安全视距。

表3-8　道路交叉口植物布置规定

行车速度≤40km/h	非植树区不应小于30m
行车速度≤25km/h	非植树区不应小于14m
机动车道与非机动车道交叉口	非植树区不应小于10m
机动车道与铁路交叉口	非植树区不应小于50m

⑤与围墙结合的绿化植物布置规定见表3-9。与围墙结合进行植物种植，必须考虑围墙周围环境，留出非种植空间。

表3-9　与围墙结合的绿化植物布置规定

围墙距离道路	不应小于0.5m
围墙距离场地	不应小于1.5m

⑥绿化种植景观的空间构成。植物空间构成可分为在地平面和在垂直面；空间感受随围合植物的品种、高矮、大小、种植密度以及观赏者与周围植物相对位

置的变化而发生变化。植物与地形、建筑、亭、廊、道路、雕塑、景石等要素共同构成空间，可分为开敞空间、半开敞空间、封闭空间、覆盖空间。植物高度对空间效果构成的影响见表 3-10。

表 3-10 植物高度对空间效果构成的影响

植物高度（cm）	植物类别	空间效果
0～30	草本植物	能覆盖地表，美化开放空间，在平面上暗示空间
>30～60	灌木、草本植物	产生引导效果，界定空间范围
>60～120	灌木、草本植物	产生屏障功能，改变暗示空间的边缘，限定交通流线
>120～140	乔木、灌木	分隔空间，形成连续、完整的围合空间
高于人水平视线	乔木	产生较强的视线引导作用，可形成较私密的交往空间
高大树冠	乔木	形成顶面的封闭空间，具有遮蔽功能，并改变天际线的轮廓

3.2.2 居住区植物设计要点

（1）重视景观空间的营造

植物景观设计的核心是空间设计。在住宅植物景观设计时，需根据各分区的功能特点，综合运用各种植物造景手法，通过植物景观形成空间的开合变化，营造出简洁大气、富有变化的空间氛围（图 3-17、图 3-18）。

图 3-17 开合有致的植物空间（一）

图 3-18 开合有致的植物空间（二）

（2）注重植物景观层次的变化

在植物景观设计时，需注重乔、灌、草及常绿与落叶的搭配，构建层次丰富的植物景观，形成天际线优美、季相变化明显的植物景观。

（3）采用多样的配植形式

植物景观设计时，需根据园区空间布局特点，采用孤植、列植、丛植、群植等多种植物配植形式。孤植主要展现植物的个体美，如轴线的端景宜采用孤植乔木，形成焦点景观；列植多用于轴线空间、道路空间中，如主要出入口两侧常采用列植的形式，体现了空间的序列感；丛植在园区中应用较为普遍；群植常应用于自由式草坪的边缘，通过微地形的处理及合理的乔、灌、草搭配，形成了优美的天际线（图 3-19、图 3-20）。

图 3-19　孤植植物景观

图 3-20　列植植物景观

（4）结合其他景观要素进行设计

植物景观设计应与其他景观要素配合，展现设计意图，形成丰富多样的空间类型。植物景观设计时需结合园区的地形特点进行设计，营造步移景异的景观效果。与园区构筑物相结合时，可通过植物软化或掩映景观构筑物，与构筑物共同营造不同氛围的景观空间；与水景相结合时，可通过不同植物的搭配，营造自然、富有野趣的水体景观（图 3-21、图 3-22）。

图 3-21　植物结合景墙

图 3-22　植物结合地形

（5）选择适宜的树种

1）适地适树，尽量选择乡土树种。植物景观设计时，需做到适地适树，以乡土树种为主，降低前期造价和后期人工维护成本，发挥植物的生态效益，营造良好的景观效果。

2）选择无毒、无害的植物种类。植物景观设计时，需避免选用影响居民安全与健康的植物，忌用有毒、有害、有刺尖、有异味、易引起过敏的植物。

3）常绿树与落叶树、速生树与慢生树相结合

植物景观设计时，需协调好常绿树与落叶树的比例关系，同时考虑园区近、中、远期的景观效果，合理搭配速生树和慢生树。因北方地区常绿乔木较少，为

了平衡冬季景观，可适当增加常绿地被以平衡常绿乔木过少的局面（图 3-23、图 3-24）。

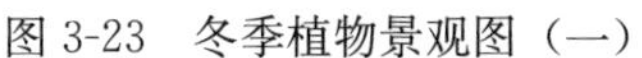
图 3-23 冬季植物景观图（一）

图 3-24 冬季植物景观图（二）

3.2.3 植物空间配植标准

（1）轴线空间设计原则

层次简单明朗的行列式配植。圆冠阔叶大乔木为骨干树种，背景配植塔形常绿乔木，中层配植景观花丛生小乔木，地被配植修剪色带及时令花卉，强化引导作用，凸显入口的迎宾感（图 3-25）。

❶ 硬景设置规整，引导性强，植物迎合硬质铺装进行配植，凸显入口的迎宾感

❷ 通道两侧配植高达乔木

❸ 铺装两侧设有微地形

❹ 高层配植圆冠阔叶大乔木为骨干树种

❺ 中层配植观花丛生小乔木

❻ 地被配植修剪色带及时令花卉

图 3-25 轴线植物景观

（2）组团空间设计原则

组团配植的繁简对比。在组团空间中间区域成片、成线种植小乔木及花灌木，少量点缀高冠阔叶大乔木及塔形常绿乔木，形态较简洁；在组团起始边缘地被和修剪绿球处相对错落有致，形态较复杂，形成整体形态上的繁简对比。

根据安置区造价等级特点，组团种植推荐四重植物搭配：草坪，0.4m；高常绿绿篱地被层，1.2～2.5m；高球类、花灌木层，6～7m；高大乔木层。不同空间可根据实际情况进行搭配（图 3-26）。

（3）入户空间设计原则

突出细节的自然式配植。细节体现于叶形地被与修剪绿球交叉种植，上层乔木及灌木的选择高于其他区域，要求姿态优美，观赏性强，冠形饱满（图 3-27）。

❶ 点景大树，有画龙点睛之效
❷ 树阵，保障场地遮阴效果
❸ 花灌木，围合场地空间
❹ 林荫乔木，保障场地遮阴效果
❺ 小乔木，丰富植物配植层次
❻ 地被球类，丰富植物配植层次
❼ 在背景区域成片、成线种植，层次较简洁
❽ 片植花灌木，中层植物配植遮挡视线
❾ 点缀林荫乔木，骨架植物配植保障遮阴效果及竖向上起伏变化

图 3-26　多层次植物景观

❶ 上层乔木，起到入户标示性作用
❷ 对景小乔木，衬托对景小品的背景植物配植
❸ 时令花卉，对景小品装饰性作用
❹ 中层灌木，增强入户空间的层次感
❺ 地被，入户空间的围合

图 3-27　入户植物景观

（4）道路空间设计原则

疏密搭配的层次配植。绿化走廊疏密搭配的形式有以下两种：

1）绿化走廊一侧植物配植层次丰富错落有致，与另一侧层次简单节奏舒缓的组团相呼应。

2）段落式的开合，即一段为层次丰富细腻的配植与走廊紧密围合，下一段落为小型开放草地搭配植物组团，以此类推、形成开合、有序的植物群落。

3.2.4　用苗指导

1）乔木苗木清单需要包括以下内容：

编号	中文名	规格			数量（株）	备注
		胸径（cm）	高度（m）	冠幅（m）		

2）灌木苗木清单需要包括以下内容：

编号	中文名	地径（cm）	高度（m）	冠幅（m）	数量（株）	备注

3）地被苗木清单需要包括以下内容：

编号	中文名	规格		数量（m²）	备注
		高度（m）	冠幅（m）		

4）安置区内推荐苗木详见附表 I。

3.3 户外服务设施

3.3.1 卫生设施

（1）分类

卫生设施垃圾箱主要可分为生活垃圾箱、果皮箱、清运垃圾桶 3 类，此处仅讨论影响景观的生活垃圾桶以及果皮桶。

（2）材料选型

生活垃圾箱应配置干/湿分类垃圾桶，统一标识，普通住宅项目宜选用塑料垃圾桶；果皮箱一般可采用不锈钢、木材等材料，材料、外观造型、色彩选择应与园区整体风格一致，且与目标成本定位相匹配。

（3）规格

生活垃圾箱单个容量首选 240L，不低于 120L，开口内径尺寸最小边长不小于 40cm；果皮箱通常选用高 60～80cm、宽 50～60cm。

（4）布置位置

生活垃圾箱要满足业主使用、物业垃圾清运便利的原则，可设于单元门口或宅间，摆放处需有硬质铺装平台，应有绿化围合遮蔽，以减少对环境的影响；果皮箱主要布置在景观主轴、中心景观区、各类活动场地、景观道路等处。

3.3.2 健身游乐设施

（1）儿童活动场地设施布置

1）设施种类。整个园区的游乐设施不应少于 3 种，至少应包含组合型滑梯、摇摇乐、秋千等。

2）设施布置。秋千及其他可移动设施应靠场地外侧布置，并留够足够缓冲空间以防止儿童运动中碰伤；滑梯的滑道应朝北设置，避开夏季阳光炙烤。

3）砂坑区。砂坑区非必配，但考虑儿童习性如有条件可设置，其面积不宜太大，20～30m^2 即可；砂子应选用精致细砂或人造砂；标准砂坑深度为 40cm；砂坑内需铺设暗沟排水以免坑内积水。

4）场地设置

①整个场地保证流畅视野与通行路线，场地为无障碍场地，保证场地通行倾斜度能够方便轮椅行走；

②若周边有车行道路、湖水或河流，游乐场地应设置1200mm高的围栏，以免发生危险。

（2）健身场地设施布置

1）设施要求。体育设施应结合小区建筑风格设置主题鲜明、统一规范、清晰可见的各类标识。室外健身场地应在醒目位置设置安全须知、注意事项等告示牌；室内健身场所入口处醒目位置配置统一的灯箱或牌匾。室外健身场地所采购的器材应符合国家标准《室外健身器材的安全　通用要求》（GB 19272—2011）以及其他关于器材配建工作的国家标准。

2）设施种类。小区室外健身场地须建设3种类型以上的活动场地，科学、合理地配备室外健身器材；建设的场地设施应充分考虑幼儿、老年人、残疾人等特殊群体的使用需求。

3.3.3　休憩设施

（1）控制原则（表3-11）

表3-11　休憩设施的控制原则

宜（√）	忌（×）
风格应与园区整体景观设计风格相统一	风格混乱
根据场地需要和服务半径合理设置	数量不足或偏多
主要布置于步行路线易于通达处，保证安全；尽量结合场地功能主题进行合理选配	布置位置随意
考虑复合型功能，如亭廊结合看护、母婴关怀、棋牌活动，座椅结合储物等	仅考虑观赏性，实用功能性欠缺

（2）休憩座椅控制要点

1）布置位置：座椅主要布置在园区内的“边界”环境，如人行道路两侧、功能活动区周边等；其服务半径可按不大于200m进行控制；选位时应注意周边环境及可达性等是否良好；宜设置于半围合的空间且背风向布置。

2）样式及材质：座椅可分为成品采购类以及设计特色类，应结合园区定位以及场地环境要求综合考虑座椅样式。

3）位置：布置位置不能影响人行正常通行，道路旁需单独设计铺装放置座椅；考虑座椅旁预留轮椅、儿童车停靠空间，预留数量占总座椅数量的20%。

4）高度：一般座椅高度为40～45cm。

5）凳面：凳面材料考虑使用舒适性，尽量选用木质材料，并做磨边倒角处理；凳面宽不小于40cm。

3.4　标识系统

3.4.1　标识设计整体控制原则（表3-12）

表 3-12　标识设计整体控制原则

宜（√）	忌（×）
造型风格与建筑形象、园林景观协调统一	造型风格与园区形象不搭
不同种类标识牌尺寸大小适宜	尺寸过大或过小
标识齐全，信息表达准确、易懂	信息表达缺失
合理选择材料并考虑后期维护需求	不耐久，后期不易维护

3.4.2　标识设计控制要点

分类：小区内景观标识主要包括形象LOGO标识、导视标识、信息标识3类（表3-13）。

表 3-13　标识类别及设计控制要点

<table>
<tr><th>标识类别</th><th>标识作用</th><th>适用场所/位置</th><th>备注</th></tr>
<tr><td rowspan="4">形象LOGO标识</td><td rowspan="4">居住区形象展示</td><td>出入口LOGO</td><td>出入口必须有醒目的项目形象LOGO</td></tr>
<tr><td>围墙LOGO</td><td>对外展示的围墙需设项目形象LOGO</td></tr>
<tr><td>形象牌/精神堡垒</td><td>根据项目需求，进行选配</td></tr>
<tr><td>场地/部品LOGO</td><td>重要节点地面铺装可设计LOGO标识；标识牌、垃圾箱等应印制项目LOGO</td></tr>
<tr><td rowspan="2">导视标识</td><td rowspan="2">交通引导/方向指示</td><td>道路</td><td>主要布置于道路交叉口，进行交通引导</td></tr>
<tr><td>车库/自行车库（停车场）</td><td>停车库（场）入口，可视性好、标识清晰</td></tr>
<tr><td rowspan="10">信息标识</td><td>总平面/区位指示</td><td>主要出入口</td><td>小区总平面指示</td></tr>
<tr><td>信息公告/宣传栏</td><td>主要出入口公告栏</td><td>小区重要信息公告</td></tr>
<tr><td>场地说明</td><td>各功能场地</td><td>各活动场地使用说明</td></tr>
<tr><td>苗木信息</td><td>主要乔灌木</td><td>主要特色苗木名称介绍，增设二维码</td></tr>
<tr><td rowspan="3">安全警示</td><td>戏水池</td><td>“小心落水”</td></tr>
<tr><td>户外台阶</td><td>“注意台阶”</td></tr>
<tr><td>园区配电房/箱</td><td>“小心触电”</td></tr>
<tr><td rowspan="3">温馨提示</td><td>爱护花草</td><td>园区绿地设置</td></tr>
<tr><td>无障碍关怀</td><td>无障碍坡道、轮椅、婴儿车停放等标识</td></tr>
<tr><td>其他提示</td><td>根据需求选配</td></tr>
</table>

3.5　景观照明

3.5.1　光源选择

住区景观照明灯具以LED（发光二极管）光源为主，部分车行道高杆路灯的大功率灯具可采用金卤灯，营造温馨舒适的园区环境；道路照明选用白光（通透性能好），能使人保持清醒，相对提高驾驶安全系数。基础照明、景墙、水面等宜采用宽光束光源；标识、雕塑、重点乔木等需凸显单体效果，宜采用窄光束光源。

3.5.2 布灯原则

①控制合理灯具布置间距，达到“不疏、不密、不浪费”的原则，保证灯具亮度满足国家标准要求。

②在满足功能基础上，实现“见光不见灯”的原则，减少光污染，营造细腻的夜景效果，让业主在归家及游园过程中感受轻松愉悦的氛围，降低视觉疲劳。

③根据使用区域及结合载体选择合适灯具款式，实现在景观软景、硬景上的合理安装。

④对园区主要节点、雕塑、重点乔木合理增加照明层次，提升夜景趣味性。

⑤儿童游乐区与老人活动区亮度需高于一般标准，使老人和儿童在夜晚安全、高效地看清事物。

3.5.3 道路照明

道路照明根据住宅使用区域分类分为车行道路、人行步道、小径、住宅底商步道及台阶（表 3-14）。

表 3-14　道路照明要求

使用区域	灯具类型	布点原则
车行道路	高杆路灯	6m 宽车行道路灯高 5～7m，间距 15～20m；8m 宽车行道路灯高 7～9m，间距 20～25m；可单侧或交错布灯；基础置于绿化
人行步道	庭院灯	3～5m 宽园路灯高 3～5m，间距 10～15m；可单侧布灯或交错布灯；基础置于绿化
小径	草坪灯	3m 宽小径灯高 0.4～0.6m，间距 4～6m，交错布灯；2m 宽及以下小径灯高 0.3～0.4m，间距 3～4m，单侧布灯
住宅、底商、步道	庭院灯	灯高 4～5m，间距 12～15m
台阶	嵌壁灯	间距 2～2.5m，安装高度距离地面 0.5～0.7m
	埋地侧光灯	每一级台阶端头安装一盏

3.5.4 公共区域照明

公共区域照明根据住宅使用区域分类分为活动广场、儿童游乐区、老人活动区、水景提示灯、水景、门卫岗亭等（表 3-15）。

表 3-15　公共区域照明要求

使用区域	灯具类型	布点原则
活动广场	庭院灯	灯高 4～5m，间距 12～15m/盏
儿童游乐区	庭院灯	灯高 4～5m，间距 8～10m/盏
老人活动区	庭院灯	灯高 4～5m，间距 8～10m/盏

续表

使用区域	灯具类型	布点原则
水景提示灯	埋地侧光灯	无照度要求，安全提示即可
水景	水下筒灯	3W，间距3m/盏
	与喷嘴结合环形水下筒灯	1个喷嘴/盏

3.5.5 装饰照明

装饰照明根据住宅使用区域分类分为乔木、花池、雕塑、座椅、景墙及标识（表3-16）。

表3-16 装饰照明要求

使用区域	灯具类型	布点原则
乔木	埋地筒灯	植物周边为铺装、草皮，可用埋地筒灯
	投光灯	植物周边为较高地被，选用投光灯
花池	嵌壁灯	安装高度距离地面0.5m
雕塑	埋地筒灯	高度5m及以下使用
	投光灯	高度5m以上使用
座椅	软灯带	石材或者木条需预先按灯带尺寸切割并安装金属导轨
	嵌壁灯	安装高度0.3m
景墙	条状灯	紧贴墙脚无缝衔接固定安装
标识	埋地灯	常用于人行指引牌，一块牌体对应一盏埋地灯

3.6 室外给水排水

3.6.1 设计原则

景观给水排水应依据地形和竖向规划、土壤条件等因素进行管渠定线，专业规范明确规定最小地面排水坡度为0.3%。

3.6.2 给水

①给水管宜选用PPR管（三丙聚丙烯管）或PE管（聚乙烯管）。给水点应沿路设置，离路缘50cm以内。有条件设置于雨水口内。

②给水管穿越车行道路应加钢管保护。

③北方给水管设计应注意冻土层深度，注意地域埋深要求。

④浇灌给水管网各给水支管应向主管倾斜，末端需设置排空阀，以便维修和防冻。

⑤浇灌给水管网应单独设水表计量，水表两端应设计检修阀门，同时设置止回阀管；水表井应设置排水设施，防止冻表。

⑥给水点间距不宜大于40m，不得出现浇灌盲区。

3.6.3 排水

(1) 室外排水概述

要充分利用地形，采取拦、阻、蓄、分、导等方式进行有效排水，就近汇总排入市政管网。绿地排水可以有效延缓暴雨形成的地表径流速度，减轻对市政雨水管网的压力，并避免植被被雨水浸泡。对地势较低且平坦的草坪需设置盲沟或沟箅截流排水。

(2) 硬质场地排水设计要点

景观排水系统在原建筑排水设计的基础上进行。

景观道路明沟排水就近接入雨水井，统一排至市政雨水系统排除。

景观排水系统采用增强聚丙烯（FRPP）加筋管及塑料盲沟，将水就近排入雨水系统。雨水口、暗沟及收水口与雨水井连接管可为UPVC（硬聚氯乙烯）排水管DN200，坡度为1%。绿地下（雨水管）埋设深度不小于0.7m。

地下车库出入口应设置截水沟。

车库建筑顶板排水采用找坡后在最低线设置排水沟。

道路排水管接入市政雨水井时，应顺水流方向设计接入。

园区内设置园路雨水口，入户口低处、道路交叉低处、铺装平台、主入口雨棚上下坡处应加强设置排水设施。

单个雨水口接入市政雨水井管径不得小于100mm；2个以上雨水口接入管径不得小于160mm；不得串联接入超过3个雨水口。

雨水口节点设计需有充足的蓄水排水能力，雨水管应高出雨水口低面10～20cm。雨水口盖板设计应有足够的排水能力及过滤杂物能力。

4　初设图纸成果及深度要求

4.1　成果要求

初步设计（简称“初设”）单位提交最终成果包括但不限于物料表（附表G）、初设设计文件（纸质版与电子版）。

初设成果需达到以下要求：

①满足编制施工图设计文件的需要；

②解决各专业的技术要求，协调与各专业之间的关系；

③能据以编制工程概算，室外景观工程中所有项目均包含在内，不可缺项；

④提供申报有关部门审批的必要文件。

4.2　一般要求

扩初设计是介于方案和施工图之间的过程，是初步设计的延伸。初步设计文件包括封面、目录、设计说明、设计图纸。

4.2.1　封面

封面应包括项目名称、编制单位名称、项目设计编号、设计阶段、编制单位法定代表人、技术总负责人、项目总负责人姓名及其签字或授权盖章以及编制年月等。

4.2.2　设计文件目录

目录一般包括设计单位、项目编号、项目名称、用地面积、图号、图纸名称、图纸规格、更改及作废记录、设计校审姓名签字及编制年月等。

4.2.3　设计说明

设计依据、工程项目概述，设计指导思想和设计特点以及各专业设计说明，设计经济总指标及主要材料表等。

4.2.4　设计图纸

硬景设计图纸（土建设计说明，总平面图，平面索引图，平面定位图，竖向设计图，铺装设计图，各个重点位置详图，建筑构筑物及园林小品平面、立面、剖面等），软景设计图纸（种植设计说明，苗木表，种植设计图）以及其他专业图纸。

4.3　硬景设计图纸要求

4.3.1　土建设计说明

土建设计（土木建筑工程设计）说明包括工程概况、设计依据、设计范围、经济技术指标、主要设计内容以及施工中需要重点注意的内容等。

4.3.2 总平面图

根据工程需要，总平面图可分幅表示，常用比例为 1∶500～1∶1500。总平面图的主要内容如下：

①地形测量坐标网、坐标值；

②设计范围；

③用地四邻原有及规划道路的位置，主要建筑物、构筑物（包括地下建筑、构筑物的表示）外墙轮廓以粗实线表示；需要保护的文物、植物、古树、名木的保护范围；

④场地内机动车道路、对外出入口、人行系统、地上停车场及广场园路铺装外轮廓线范围；

⑤标明自然水系（湖泊河流表示范围，河流表示水流方向）、人工水系、水景；

⑥山石、挡土墙、陡坡、水体、台阶、蹬道的位置；

⑦指北针或风玫瑰图；

⑧比例图标；

⑨经济技术指标内容，也可列于设计说明内；

⑩图纸上的说明，包括设计范围、设计内容、设计依据以及其他内容。

4.3.3 平面索引图

根据工程需要，平面索引图的常用比例为 1∶300～1∶1000。平面索引图的主要内容如下：

①建筑物、构筑物、小品以及其他细节等的名称或编号、索引；

②道路广场、设施、水体等索引；

③子项或分区索引；

④指北针或风玫瑰图；

⑤比例图标；

⑥图纸上的说明。

4.3.4 平面定位图

根据工程需要，平面定位图的常用比例为 1∶300～1∶1000。平面定位图的主要内容如下：

①用地边界坐标；

②主要道路中心线坐标及道路宽度；

③铺装广场、绿地定位坐标及控制尺寸；

④建筑物、构筑物、主要园林小品的定位坐标及控制尺寸；

⑤水体、假山等定位坐标及控制尺寸；

⑥放线系统、原点、网格间距、单位；

⑦指北针或风玫瑰图；

⑧比例图标；

⑨图纸上的说明。

4.3.5 竖向设计图

根据工程需要，竖向设计图的常用比例为1：300～1：1000。竖向设计图的主要内容如下：

①场地用地四邻的现状，规划道路、水体、地面的关键性标高点、等高线；

②与场地园林景观设计相关的建筑室内±0.00设计标高（相当于绝对标高值）、建筑物室外地坪标高、控制点标高；

③与园林景观设计相关的主要道路中心线交叉点设计标高；

④设计地形等高线，地形设计标高；

⑤自然水系、最高、常年、水底水位设计标高，人工水景主要控制标高，驳岸标高；

⑥主要景点的控制标高（如下沉广场的最低标高、台地的最高标高等）；

⑦主要道路、铺装场地的控制点标高；

⑧排水沟、挡土墙、护坡、台阶、假山的控制点标高；

⑨指北针或风玫瑰图；

⑩比例图标；

⑪图纸上的说明。

4.3.6 铺装设计图

根据工程需要，铺装设计图（铺装物料平面索引图）的常用比例为1：300～1：1000。铺装物料平面索引图的主要内容如下：

①重点标注铺装材质尺寸、厚度、材料、颜色等；

②指北针或风玫瑰图；

③比例图标；

④图纸上的说明。

4.3.7 户外标识布置图

根据工程需要，户外标识布置图的常用比例为1：300～1：1000。户外标识布置图的主要内容如下：

①场地内包含的景观标识（包括形象LOGO标识、导视标识、信息标识）的具体数量、选型图片及布点分布情况；

②指北针或风玫瑰图；

③比例图标；

④图纸上的说明。

4.3.8 户外服务设施布置图

根据工程需要，户外服务设施布置图的常用比例为1：300～1：1000。户外服务设施布置图的主要内容如下：

①场地内包含的休憩服务设施、卫生服务设施、健身服务设施（包含但不限于树池座椅、休憩座椅、垃圾桶、健身器材等）的具体数量、选型图片及布点分布情况；

②指北针或风玫瑰图；

③比例图标；

④图纸上的说明。

4.3.9 详图

①重要节点局部放大图、平面图；

②重要地形剖面；

③景观构筑物、小品平、立、剖面图及详图；

④景观细部构造（台阶、栏杆、沿石、挡墙）等详图；

⑤铺装大样图等。

4.4 软景设计图纸要求

4.4.1 种植设计说明

种植设计说明应包括引用的相关规范和标准、种植设计构思、对种植土壤条件及地形的要求、各类苗木的栽植穴的规格和要求、苗木栽植前、后的相关要求、苗木后期管理的相关要求、对施工中可能发生的未尽事宜的协商解决办法等。

4.4.2 苗木表

①乔木苗木清单需要包括以下内容：

编号	图例	中文名	规格			单位（m^2）	备注
			胸径（cm）	高度（m）	冠幅（m）		

②灌木苗木清单需要包括以下内容：

编号	图例	中文名	规格			单位（m^2）	备注
			地径（cm）	高度（m）	冠幅（m）		

③地被苗木清单需要包括以下内容：

编号	图例	中文名	规格		单位（m^2）	备注
			高度（m）	冠幅（m）		

4.4.3 种植设计图

根据工程需要，种植设计图通常为平面图，常用比例为1：300～1：500。

种植设计平面图主要内容如下：

①分别表示不同种植类别，分为乔木设计图、灌木设计图、地被设计图；

②乔灌木标注品种及数量、地被标注面积范围；

③指北针或风玫瑰图。

4.5　景观给水排水专业图纸及深度要求

4.5.1　给水排水设计说明

给水排水设计说明应包括工程概况、设计依据、设计范围、管网设计做法及其他说明。

4.5.2　总平面图

根据工程需要，总平面图的常用比例为1：300～1：1000。主要内容如下：

①全部建（构）筑物、道路、广场等的平面位置；

②给水、雨水管道平面位置，干管的管径、水流方向、阀门井、水表井、检查井和其他给水排水构筑物的位置；

③场地内的给水、排水管道与建筑场地及城市管道系统连接点的控制标高和位置。

4.5.3　局部平面图

局部平面图的出图比例可视需要而定。主要内容如下：

①绘制局部（游泳池、水景等）平面布置图；

②绘制水景的原理图，标注干管的管径、设备位置的标高。

4.6　景观照明专业图纸及深度要求

4.6.1　设计说明

设计说明应包括工程概况、设计范围、设计依据、照明配电系统、线路敷设、设备要求及安全防护、照明控制系统、安装要求、防雷与接地、照明节能及其他需要的说明。

4.6.2　总平面图

总平面图应包括建（构）筑物名称、容量，供电线路走向，回路编号，导线及电缆型号、规格，架空线杆位，路灯、庭院灯的杆位（路灯、庭院灯可不绘线路），重复接地点等。

4.6.3　安装大样图

安装大样图的出图比例可视需要而定。

4.7　图纸增减

4.7.1　本书规定编制的设计文件深度要求，对具体工程项目可根据项目内容和设计范围对本书条文进行合理的取舍。

4.7.2 根据工程具体状况可分区出图或增加局部平面放大图。

4.7.3 场地或局部剖面可根据具体情况适当增减。

4.8 初设图纸质量控制流程

4.8.1 初设单位首先应对前期确定的室外景观方案进行复核，确认景观方案是否准确且满足初设要求，方案表现不明处初设单位可向建设集团提出问题清单，经建设集团有关部门同方案设计单位对接。复核后的方案一经确认，初设单位在初设过程中不可擅自更改。

4.8.2 初设单位应按照本书对初设图纸内容、深度及技术要求完成初设图纸设计。

4.8.3 安置区景观设计优化单位应根据本书要求对初设图纸进行审查，对初设图纸提出具体审查意见。

4.8.4 初设单位应根据优化单位提出的图纸审查意见进行修改及回复。

5 施工图成果及深度要求

5.1 成果要求

施工图设计单位提交的最终成果包括但不限于施工图设计文件（纸质版与电子版）。

施工图成果需达到以下要求：

①满足施工安装及植物种植需要；

②满足设备材料采购、非标准设备制作和施工需要；

③能据以编制工程预算；

④提供申报有关部门审批的必要文件。

5.2 一般要求

施工图设计是设计程序的最后阶段，是根据批准的初步设计绘制施工图的设计阶段。

施工图设计文件包括封面、目录、设计说明、设计图纸。

5.2.1 封面

封面包括项目名称、编制单位名称、项目设计编号、设计阶段、编制单位法定代表人、技术总负责人、项目总负责人姓名及其签字或授权盖章以及编制年月等。

5.2.2 设计文件目录

目录一般包括设计单位、项目编号、项目名称、用地面积、图号、图纸名称、图纸规格、更改及作废记录、设计校审姓名签字及编制年月等。

5.2.3 设计说明

设计说明包括设计依据、工程概况以及设计条件、工程技术措施等。

5.2.4 设计图纸

设计图纸包括总平面图、平面定位图、竖向设计图、种植设计图、铺装设计图以及做法详图索引平面、各专业详图、建筑构筑物详图、园林设备图、园林电气图等。

5.3 硬景施工图图纸要求

5.3.1 施工图设计说明

①设计依据。设计依据包括：由有关部门批准的室外景观工程初步设计文

件；由甲方提供的规划、建筑及其他相关施工图资料；设计任务书及有关设计规范。

②工程概况。工程概况包括建设地点、名称、景观设计性质、设计范围面积（如方案设计或初步设计为不同单位承担，应摘录于施工图设计相关内容）。

③其他有关定位、竖向设计、土方工程、道路广场铺装等有关说明。

④其他需要说明的问题。

5.3.2 总平面图

根据工程需要，总平面图可分幅表示，常用比例为1∶300～1∶1000。总平面图的内容包括：

①地形测量坐标网、坐标值。

②设计范围、坐标，与其相关的周围道路红线、建筑红线及其坐标。

③场地中建筑以粗实线表示一层（也称底层或首层）（±0.00）外墙轮廓，并标明建筑坐标或相对尺寸、名称、层数、编号、出入口以及±0.00设计标高。

④场地内需要保护的文物、植物、古树、名木的保护范围。

⑤场地内地下建筑物位置、轮廓以粗虚线表示。

⑥场地内机动车道路系统及对外车行人行出入口位置。

⑦园林景观设计元素，以图例表示或以文字标注名称。具体内容包括：

a. 绿地应以填充表示，屋顶绿地宜与一般绿地以不同填充方式出现；

b. 自然水系、人工水系、水景应标明；

c. 广场、活动场地铺装表示外轮廓范围（根据工程情况表示大致铺装纹样）；

d. 园林景观建筑、小品、园路等需要表示位置、名称、形状、园路走向等；

e. 根据工程状况表示园林景观无障碍设计。

⑧相关图纸的索引（复杂工程可附专门的平面索引图）。

⑨指北针或风玫瑰图。

⑩比例图标。

⑪经济技术指标内容，也可列于设计说明内。

⑫图纸上的说明。具体内容包括设计范围、设计内容、设计依据以及其他内容。

5.3.3 平面定位图

根据工程需要，平面定位图可分幅表示，常用比例为1∶300～1∶1000。平面图的具体内容：

①用地边界坐标。

②主要道路中心线坐标及道路宽度。

③铺装广场、绿地定位坐标及控制尺寸。

④建筑物、构筑物、主要园林小品的定位坐标及控制尺寸。

⑤水体、假山等定位坐标及控制尺寸。

⑥放线系统、原点、网格间距、单位。

⑦在总平面图上无法表示清楚的定位，应绘制局部平面定位详图。

⑧指北针或风玫瑰图。

⑨比例图标。

⑩图纸上的说明。

定位原则：亭、榭一般以轴线定位，标注轴线交叉点坐标；廊、台、墙一般以柱、墙轴线定位。具体如下：

①柱以中心定位，标注中心坐标。

②道路以中心线定位，标注中心线交叉点坐标；庭院路以网格尺寸定位。

③人工湖不规则形状以外轮廓定位，在网格上标注尺寸。

④水池规则形状以中心点和转折点定位标注坐标或相对尺寸；不规则形状以外轮廓定位，在网格上标注尺寸。

⑤铺装规则形状以中心点和转折点定位标注坐标或相对尺寸；不规则形状以外轮廓定位，在网格上标注尺寸。

⑥雕塑以中心点定位，标中心点坐标或相对尺寸。

⑦其他均在网格上标注尺寸定位。

5.3.4　竖向设计图

根据工程需要，竖向设计图可分幅表示，常用比例为1：300～1：1000。竖向设计图的具体内容如下：

①场地用地四邻的现状，规划道路、水体、地面的关键性标高点、等高线。

②与场地园林景观设计相关的建筑室内±0.00设计标高（相当绝对标高值）、建筑物室外地坪标高，控制点标高。

③场地内道路起点、变坡点、转折点和终点设计标高、纵横坡度。

④人工地形形状设计标高（最高、最低）、范围（宜用设计等高线表示高差）。

⑤自然水系、最高、常年、水底水位设计标高，人工水景主要控制标高、驳岸标高。

⑥广场、停车场、运动场地的控制点设计标高、坡度和排水方向。

⑦场地地面的排水方向，雨水井或集水井位置。

⑧排水沟、挡土墙、护坡、台阶、假山的控制点标高。

⑨根据工程需要，制作场地设计剖面图，并标明剖线位置、边坡点的设计标高。

⑩指北针或风玫瑰图。

⑪比例图标。

⑫图纸上的说明。

5.3.5 铺装设计图

根据工程需要，铺装设计图可分幅表示，常用比例为1∶300～1∶1000。铺装设计图内容如下：

①在总平面图上绘制和标注园路和铺装场地的材料、颜色、规格、铺装纹样。

②在总平面图上无法表示清楚的应绘制铺装详图。

③园路铺装主要做法索引及构造详图。

④在总平面图中无法表述铺装纹样和铺装材料变化时，应单独绘制铺装放线或定位图。

⑤指北针或风玫瑰图。

⑥比例图标。

⑦图纸上的说明。

5.3.6 水体设计图

水体设计图的内容如下：

①水体平面及放线图。

②水体的常水位、池底、驳岸标高，等深线、最低点标高。

③各种驳岸不同做法的长度标注。

④各种驳岸及流水形式的剖面及做法。

⑤泵坑、上水、泄水、溢水、变形缝位置、索引及做法。

⑥指北针或风玫瑰图。

⑦比例图标。

⑧图纸上的说明。

5.3.7 平面分区图

平面分区图是指在总平面图上表示分区及区号，分区索引。分区应明确，不宜重叠。

5.3.8 各分区平面放大图

各分区平面放大图的常用比例为1∶100～1∶300，表示各类分区定位及设计标高，标明分区网格数据及详图索引、指北针或风玫瑰图、图纸比例等。

5.3.9 详图

（1）水景详图

平面图：表示定位尺寸、细部尺寸、水循环系统构筑物尺寸、剖切位置、详图索引。

立面图：水体上面细部尺寸、高度、形状、装饰纹样、详图索引。

剖面图：表示水深、池壁、池底构造材料做法，节点详图。

（2）铺装详图

各类广场、活动场地等不同铺装分别表示。

平面图：铺装纹样放大细部尺寸，标注材料、色彩、剖切位置、详图索引。

构造详图：常用比例为1：5～1：20（直接引用标准图集的本图略）。

(3) 景观建筑详图

景观建筑包括亭、榭、廊、膜结构等有遮蔽顶盖和交往空间的建筑；景观建筑详图的图纸比例为1：5～1：100。

平面图：表示承重墙、柱及其轴线（注明标高）、轴线编号、轴线间尺寸（柱距）、总尺寸、外墙或柱壁与轴线关系尺寸及其相关的坡道散水、台阶等尺寸、剖面位置、详图索引及其节点详图。

顶视平面图：详图索引。

立面图：立面外轮廓，各部位形状花饰，高度尺寸及其标高，各部位构造件（如雨篷、挑台、栏杆、坡道、台阶、落水管等）尺寸、材料、颜色、剖切位置、详图索引及节点详图。

剖面图：单体剖面、墙、柱、轴线及编号，各部位高度及其标高，构造做法，详图索引。

(4) 景观小品详图

景观小品包括墙、台、架、桥、栏杆、花坛、座椅、道路缘石等；景观小品详图的图纸比例为1：5～1：100。

平面图：平面尺寸及其细部尺寸；剖切位置、详图索引。

立面图：高度、材料、颜色、详图索引。

剖面图：构造做法、节点详图。

5.4　软景设计施工图图纸要求

5.4.1　种植设计说明（应符合城市绿化工程施工及验收规范要求）

种植设计说明的内容应包括：

①种植土要求；

②种植场地平整要求；

③苗木选择要求；

④植栽种植要求，包括季节、施工要求等；

⑤植栽间距要求；

⑥其他需要说明的内容。

5.4.2　种植平面图（常用比例为1：300～1：500）

种植平面图的内容应包括：

①场地范围内各种植类别、位置，以图例或文字标注等方式区别乔木、灌木、常绿落叶等（根据习惯拆分，但都应表示清楚）；

②苗木表。其中，乔木重点标明名称、树高、胸径、定干高度、冠幅、数量等；灌木、树篱可按照高度、棵数与行数计算、修建高度等；草坪、地被标注面

积、范围；水生植物标注名称、数量。

5.5 结构专业施工图图纸要求

对简单的园林景观建筑、小品等需配相关结构专业图的工程，可以将结构专业的说明、图纸在相关的园林景观专业图纸中表达，不再另册出图（内容归档需要计算书）。

5.6 景观给水排水专业图纸及深度要求

5.6.1 施工图设计阶段

在施工图设计阶段，给水排水专业设计文件应包括设计说明、设计图纸、主要设备表、计算书。

5.6.2 设计总说明

（1）设计总说明

设计总说明应包括：

①设计依据简述；

②给水排水系统概况；

③凡不能用图示表达的施工要求，均应以设计说明表述；

④有特殊需要说明的可分别列在有关图纸上。

（2）图例

5.6.3 设计图纸

（1）给水排水总平面图

1）绘出全部建（构）筑物、道路、广场等的平面位置（或坐标）、名称、标高和指北针（或风玫瑰图）；

2）绘出全部给水排水管网及构筑物的位置（或坐标）、距离、检查井及详图索引号；

3）对复杂工程，应将给水排水总平面图分开绘制，以便于施工（简单的工程可绘在一张图上）；

4）给水管标注观景、埋深深度或敷设的标高，宜标注管道长度，并绘制节点图，标明节点结构，阀门井尺寸、标高及引用详图（一般工程给水管线可不绘节点图）；

5）排水管标注检查井标号和水流坡向，标注管道接口处，建筑场地雨水排出管网位置，市政管网的位置、标高、管径、水流坡向。

（2）排水管高程表

1）将排水管道的检查井标号、井距、管径、坡度、地面设计标高、管底标高等写在表内；

2）简单的工程，可将上述内容直接标注在平面图上，不列表；
3）水景给水排水图纸；
4）绘出给水排水平面图，标明节点；
5）绘出系统轴测图或系统原理图，标明管径、坡度；
6）详图应绘出泵坑（泵房布置图），喷头安装示意图。

5.6.4　主要设备材料表

主要设备、仪表及管道附、配件可在首页或相关图上列表表示。

5.6.5　计算书（内部使用）

根据初步设计审批意见，进行施工图阶段设计计算，以形成计算书。

5.6.6　其他

当为合作设计时，应依据设计方审批的初步设计文件，按所分工内容进行施工图设计。

5.7　景观照明专业图纸及深度要求

5.7.1　施工图设计阶段

在施工图设计阶段，建筑电气专业设计文件应包括图纸目录，施工设计说明、设计图纸主要设备表、计算书（供内部使用及存档）。

5.7.2　施工设计说明

①工程设计概况，应将审批定案后的初步（或方案）设计说明书中的主要指标录入；

②各系统的施工要求和注意事项（包括布线、设备安装等）；

③设备供货要求（亦可附在相应图纸上）；

④防雷及接地保护等其他系统有关内容（亦可附在相应图纸上）；

⑤本工程选用标准图图集编号、页号。

5.7.3　设计图纸

（1）施工设计

施工设计说明、补充图例符号、主要设备表可组成图纸首页；当内容较多时，可分设专页。

（2）电气总平面图

1）标注建（构）筑物、标高、道路、地形等高线和用户的安装容量。
2）标注变、配电站位置、编号，变压器台数、容量，发电机台数、容量。
3）标注室外配电箱的编号、型号，室外照明灯具的规格、型号、容量。
4）架空线路应标注：线路规格及走向，回路编号，杆位编号，档数、档距、杆高、拉线、重复接地、避雷器等（附标准图集选择表）。
5）电缆线路应标注线路走向、回路编号、电缆型号及规格、敷设方式（附标准图集选择表）、人（手）孔位置。

6）比例图标、指北针。

7）图中未表达清楚的内容可附图进行统一说明。

（3）变、配电站

1）高、低压配电系统图（一次线路图）。

图中应标明母线的型号、规格，变压器、发电机的型号、规格；标明开关、断路器、互感器、继电器、电工仪表（包括计量仪表）等型号、规格、整定值。

图下方表格标注：开关柜编号、开关柜型号、回路编号、设备容量；计算电流、导体型号及规格、敷设方法、用户名称。二次原理图方案号（当选用分格式开关柜时，可增加小室高度或模数等相应栏目）。

2）相应图纸说明：图中表达不清楚的内容，可随图做相应说明。

（4）配电、照明

1）配电箱（或控制箱）系统图。应标注配电箱编号、型号、进线回路编号：标注各开关（或熔断器）型号、规格、整定值、配出回路编号、导线型号规格（对单相负荷应表明相别）。对有控制要求的回路应提供控制原理图：对重要负荷供电回路宜标明用户名称。上述配电箱（或控制箱）系统内容在平面图上标注完整的，可不单独出配电箱（或控制箱）系统图。

2）配电平面图应包括建（构）筑物、道路、广场、方格网；布置配电箱、控制箱，并标明编号、型号及规格控制线路始端、终端位置（包括控制线路），标注回路规格、编号、敷设方式；图纸应有比例图标、指北针。

3）图中表达不清楚的可随图做相应说明。

（5）防雷接地及安全

1）接地平面图：绘制接地线、接地极等平面位置，标明材料型号、规格、相对尺寸等，以及涉及的标准图编号、页次（当利用自然接地装置时，可不出此图）；图纸应标注比例。

2）随图说明可包括防雷类别和采取的防雷措施（包括防侧击雷、防雷击电磁脉冲、防高电位引入），接地装置形式，接地极材料要求、敷设要求、接地电阻值要求。

3）除防雷接地外的其他电气系统的工作或安全接地的要求（如电源接地形式，直接接地，局部等电位、总等电位接地等），如果采用共用接地装置，应在接地平面图中表述清楚，交代不清楚的应绘制相应图纸（如局部等电位平面图等）。

（6）其他系统

1）各系统的系统框图；

2）说明各设备定位安装、线路型号规格及敷设要求；

3）配合系统承包方了解相应系统的情况及要求，审查系统承包方提供的深化设计图纸。

5.7.4　主要设备表

该表中应注明主要设备名称、型号、规格、单位、数量。

5.7.5　计算书（供内部使用及归档）

施工图设计阶段的计算书，只补充初步设计阶段时应进行计算而未进行计算的部分，修改因初步设计文件审查变更后，需重新进行计算的部分。

5.8　图纸增减

①景观设计平面图、分区图以及各分区放大平面图，可根据设计需要确定增减。

②根据工程需要可增加铺装及景观小品布置图。

6 工程建设阶段要求

6.1 施工准备

6.1.1 施工单位应依据合同约定，对园林绿化工程进行施工和管理，并应符合下列规定：

（1）施工单位及人员应具备相应的资格、资质。

（2）施工单位应建立技术、质量、安全生产、文明施工等各项规章管理制度。

（3）施工单位应根据工程类别、规模、技术复杂程度，配备满足施工需要的常规检测设备和工具。

6.1.2 施工单位应熟悉图纸，掌握设计意图与要求，应参加设计交底，并应符合下列规定：

（1）施工单位对施工图中出现的差错、疑问，应提出书面建议，如需变更设计，应按照相应程序报审，经相关单位签证后实施。

（2）施工单位应编制施工组织设计（施工方案），应在工程开工前完成并与开工申请报告一并报送建设单位和监理单位。

6.1.3 施工单位进场后，应组织施工人员熟悉工程合同及与施工项目有关的技术标准。了解现场的地上地下障碍物、管网、地形地貌、土质、控制桩点设置、红线范围、周边情况及现场水源、水质、电源、交通情况。

6.1.4 施工测量应符合下列要求：

（1）应按照园林绿化工程总平面或根据建设单位提供的现场高程控制点及坐标控制点，建立工程测量控制网。

（2）各个单位工程应根据监理的工程测量控制网进行测量放线。

（3）施工测量时，施工单位应进行自检、互检双复核，监理单位应进行复测。

（4）对原高程控制点及控制坐标应设保护措施。

6.2 绿化工程

6.2.1 栽植基础

（1）绿化栽植或播种前应对该地区的土壤理化性质进行化验分析，采取相应的土壤改良、施肥和置换客土等措施，绿化栽植土壤有效土层厚度应符合

表 6-1的规定。

表 6-1 绿化栽植土壤有效土层厚度

<table>
<tr><th>项次</th><th>项目</th><th colspan="2">植被类型</th><th>土层厚度（cm）</th><th>检验方法</th></tr>
<tr><td rowspan="9">1</td><td rowspan="9">一般栽植</td><td rowspan="2">乔木</td><td>胸径≥20cm</td><td>≥180</td><td rowspan="12">挖样洞，
观察或尺量检查</td></tr>
<tr><td>胸径＜20cm</td><td>≥150（深根）
≥100（浅根）</td></tr>
<tr><td rowspan="2">灌木</td><td>大、中灌木，大藤本</td><td>≥90</td></tr>
<tr><td>小灌木、宿根花卉、小藤本</td><td>≥40</td></tr>
<tr><td colspan="2">棕榈类</td><td>≥90</td></tr>
<tr><td rowspan="2">竹类</td><td>大径</td><td>≥80</td></tr>
<tr><td>中、小径</td><td>≥50</td></tr>
<tr><td colspan="2">草坪、花卉、草本地被</td><td>≥30</td></tr>
<tr><td rowspan="3">2</td><td rowspan="3">设施项目
绿化</td><td colspan="2">乔木</td><td>≥80</td></tr>
<tr><td colspan="2">灌木</td><td>≥45</td></tr>
<tr><td colspan="2">草坪、花卉、草本地被</td><td>≥15</td></tr>
</table>

（2）栽植基础严禁使用含有害成分的土壤，除有设施空间绿化等特殊隔离地带，绿化栽植土壤有效土层下不得有不透水层。

（3）园林植物栽植土应包括客土、原土利用、栽植基质等，栽植土应符合下列规定：

1）土壤 pH 值应符合本地区栽植土标准或按 pH 值 5.6～8.0 进行选择。

2）土壤全盐含量应为 0.1%～0.3%。

3）土壤单位质量应为 1.0～1.35g/cm。

4）土壤有机质含量不应小于 1.5%。

5）土壤块径不应大于 5cm。

6）栽植土应见证取样，经有资质检测单位检测并在栽植前取得符合要求的测试结果。

7）栽植土验收批及取样方法应符合下列规定：

①客土每 $500m^3$ 或 $2000m^2$ 为一检验批，应于土层 20cm 及 50cm 处，随机取样 5 处，每处 100g 经混合组成一组试样；客土 $500m^3$ 或 $2000m^2$ 以下，随机取样不得少于 3 处。

②原状土在同一区域每 $2000m^2$ 为一检验批，应于土层 20cm 及 50cm 处，随机取样 5 处，每处取样 100g，混合后组成一组试样；原状土 $2000m^2$ 以下，随机取样不得少于 3 处。

③栽植基质每 $200m^3$ 为一检验批，应随机取 5 袋，每袋取 100g，混合后组成一组试样；栽植基质袋 $200m^3$ 以下，随机取样不得少于 3 袋。

（4）绿化栽植前场地清理应符合下列规定：

1）有各种管线的区域、建（构）筑物周边的整理绿化用地，应在其完工并验收合格后进行。

2）应将现场内的渣土、工程废料、宿根性杂草、树根及其有害污染物清除干净。

3）对清理的废弃构筑物、工程渣土、不符合栽植土理化标准的原状土等应做好测量记录、签字确认。

4）场地标高及清理程度应符合设计和栽植要求。

5）填垫范围内不应有坑洼、积水。

6）对软泥和不透水层应进行处理。

（5）栽植土回填及地形造型应符合下列规定：

1）地形造型的测量放线工作应做好记录、签字确认。

2）造型胎土、栽植土应符合设计要求并有检测报告。

3）回填土壤应分层适度夯实或自然沉降达到基本稳定，严禁用机械反复碾压。

4）回填土及地形造型的范围、厚度、标高及坡度均应符合设计要求。

5）地形造型应自然顺畅。

6）地形造型尺寸和高程允许偏差应符合表 6-2 的规定。

表 6-2　地形造型尺寸和高程允许偏差

<table>
<tr><th>项次</th><th colspan="2">项目</th><th>尺寸要求</th><th>允许偏差（cm）</th><th>检验方法</th></tr>
<tr><td>1</td><td colspan="2">边界线位置</td><td>设计要求</td><td>±50</td><td>经纬仪、钢尺测量</td></tr>
<tr><td>2</td><td colspan="2">等高线位置</td><td>设计要求</td><td>±10</td><td>经纬仪、钢尺测量</td></tr>
<tr><td rowspan="4">3</td><td rowspan="4">地形相对标高（cm）</td><td>≤100</td><td rowspan="4">回填土方自然降解以后</td><td>±5</td><td rowspan="4">水准仪、钢尺测量每 1000m² 测定一次</td></tr>
<tr><td>101～200</td><td>±10</td></tr>
<tr><td>201～300</td><td>±15</td></tr>
<tr><td>301～500</td><td>±20</td></tr>
</table>

（6）栽植土施肥应符合下列规定：

1）商品肥料应有产品合格证明，或已经过试验证明符合要求；

2）有机肥应充分腐熟方可使用；

3）施用无机肥料应测定绿地土壤有效养分含量，并宜采用缓释性无机肥。

（7）栽植土表层整理应按下列方式进行：

1）栽植土表层不得有明显低洼和积水处，花坛、花境栽植地 30cm 深的表土层必须疏松。

2）栽植土的表层应整洁，所含石砾中粒径大于 3cm 的不得超过 10%，粒径小于 2.5cm 的不得超过 20%，杂草等杂物不应超过 10%；土块粒径应符合表 6-3

的规定。

表 6-3　栽植土表层土块粒径

项次	项目	栽植土粒径（cm）
1	大、中乔木	≤5
2	小乔木，大、中灌木，大藤本	≤4
3	竹类、小灌木、宿根花卉、小藤本	≤3
4	草坪、花草、地被	≤2

3）栽植土表层与道路（挡土墙或侧石）接壤处，栽植土应低于侧石 3～5cm；栽植土与边口线基本平直。

4）栽植土表层整地后应平整而略有坡度，当无设计要求时，其坡度宜为 0.3%～0.5%。

6.2.2　栽植穴、槽的挖掘

（1）栽植穴、槽挖掘前，应向有关单位了解地下管线和隐蔽物埋设情况。

（2）树木与地下管线外缘及树木与其他设施的最小水平距离，应符合相应的绿化规划与设计规范的规定。

（3）栽植穴、槽的定点放线应符合下列规定：

1）栽植穴、槽定点放线应符合设计图纸要求，位置应准确，标记明显。

2）栽植穴定点时应标明中心点位置。栽植槽应标明边线。

3）定点标志应标明树种名称（或代号）、规格。

4）树木定点遇有障碍物时，应与设计单位取得联系，进行适当调整。

（4）栽植穴、槽的直径应大于土球或裸根苗根系展幅为 40～60cm，穴深宜为穴径的 3/4～4/5。穴、槽应垂直下挖，上口下底应相等。

（5）栽植穴、槽挖出的表层土和底土应分别堆放，底部应施基肥并回填表土或改良土。

（6）栽植穴、槽底部遇有不透水层及重黏土层时，应进行疏松或采取排水措施。

（7）土壤干燥时应于栽植前灌水浸穴、槽。

（8）当土壤密实度大于 1.35g/cm 或渗透系数小于 10cm/s 时，应采取扩大树穴、疏松土壤等措施。

6.2.3　植物材料

（1）植物材料种类、品种名称及规格应符合设计要求。

（2）严禁使用带有严重病虫害的植物材料，非检疫对象的病虫害危害程度或危害痕迹不得超过树体的 5%～10%。自外省、自治区、直辖市及国外引进的植物材料应有植物检疫证。

（3）植物材料的外观质量要求和检验方法应符合表 6-4 的规定。

表 6-4　植物材料的外观质量要求和检验方法

项次	项目		质量要求	检验方法
1	乔木、灌木	姿态和长势	树干符合设计要求，树冠较完整，分枝点和分枝合理，生长势良好	检查数量：每 100 株检查 10 株，每株为 1 点，少于 20 株应全数检查。 检查方法：观察、量测
		病虫害	危害程度不超过树体的 5%～10%	
		土球苗	土球完整，规格符合要求，包装牢固	
		裸根苗根系	根系完整，切口平整，规格符合要求	
		容器苗木	规格符合要求，容器完整、苗木不徒长、根系发育良好，不外露	
2	棕榈类植物		主干挺直，树冠匀称，土球符合要求，根系完整	
3	草卷、草块、草束		草卷、草块长宽尺寸基本一致，厚度均匀，杂草不超过 5%，草高适度，根系好，草芯鲜活	检查数量：按面积抽查 10%，4m 为一点，不少于 5 个点。≤30m² 应全数检查。 检查方法：观察
4	花苗、地被、绿篱及模纹色块植物		株形茁壮，根系基本良好，无伤苗，茎、叶无污染，病虫害危害程度不超过植株的 5%～10%	检查数量：按数量抽查 10%，10 株为一点，不少于 5 个点。≤50 株应全数检查。 检查方法：观察
5	整型景观树		姿态独特，曲虬苍劲，质朴古拙，株高不少于 150cm，多干式桩景的叶片托盘不少于 7 个，土球完整	检查数量：全数检查 检查方法：观察、尺量

（4）植物材料规格允许偏差和检验方法有约定的应符合约定要求，无约定的应符合表 6-5 的规定。

表 6-5　植物材料规格允许偏差和检验方法

项次	项目			允许偏差（cm）	检查频率		检验方法
					范围	点数	
1	乔木	胸径	≤5cm	−0.2	每 100 株检查 10 株，每株为 1 点，少于 20 株全数检查	10	量测
			6～9cm	−0.5			
			10～15cm	−0.8			
			16～20cm	−1.0			
		高度	—	−20			
		冠径	—	−20			
2	灌木	高度	≥100cm	−10			
			<100cm	−5			
		冠径	≥100cm	−10			
			<100cm	−5			

续表

项次	项目			允许偏差（cm）	检查频率		检验方法
					范围	点数	
3	球类苗木	冠径	<50cm	0	每100株检查10株，每株为1点，少于20株全数检查	10	量测
			50～100cm	−5			
			110～200cm	−10			
			>200cm	−20			
		高度	<50cm	0			
			50～100cm	−5			
			110～200cm	−10			
			>200cm	−20			
4	藤本	主蔓长	≥150cm	−10			
		主蔓径	≥1cm	0			
5	棕榈类植物	株高	≤100cm	0	每100株检查10株，每株为1点，少于20株全数检查	10	量测
			101～250cm	−10			
			251～400cm	−20			
			>400cm	−30			
		地径	≤10cm	−1			
			11～40cm	−2			
			>40cm	−3			

6.2.4　苗木运输和假植

（1）苗木装运前应仔细核对苗木的品种、规格、数量、质量。外地苗木应事先办理苗木检疫手续。

（2）苗木运输量应根据现场栽植量确定，苗木运到现场后应及时栽植，确保当天栽植完毕。

（3）运输吊装苗木的机具和车辆的工作吨位，必须满足苗木吊装、运输的需要，并应制定相应的安全操作措施。

（4）裸根苗木运输时，应进行覆盖，保持根部湿润。装车、运输、卸车时不得损伤苗木。

（5）带土球苗木装车和运输时排列顺序应合理，捆绑稳固，卸车时应轻取轻放，不得损伤苗木及散球。

（6）苗木运到现场，当天不能栽植的应及时进行假植。

（7）苗木假植应符合下列规定：

1）裸根苗可在栽植现场附近选择适合地点，根据根幅大小，挖假植沟假植。假植时间较长时，根系应用湿土埋严，不得透风，根系不得失水。

2）带土球苗木的假植，可将苗木码放整齐，土球四周培土，喷水保持土球湿润。

6.2.5 苗木修剪

（1）苗木栽植前的修剪应根据各地自然条件，推广以抗蒸腾剂为主体的免修剪栽植技术或采取以疏枝为主，适度轻剪，保持树体地上、地下部位生长平衡。

（2）乔木类修剪应符合下列规定：

1）落叶乔木修剪应按下列方式进行：

①具有中央领导干、主轴明显的落叶乔木应保持原有主尖和树形，适当疏枝，对保留的主侧枝应在健壮芽上部短截，可剪去枝条的1/5～1/3。

②无明显中央领导干、枝条茂密的落叶乔木，可对主枝的侧枝进行短截或疏枝并保持原树形。

③行道树乔木定干高度宜为2.8～3.5m，第一分枝点以下枝条应全部剪除，同一条道路上相邻树木分枝高度应基本统一。

2）常绿乔木修剪应按下列方式进行：

①常绿阔叶乔木具有圆头形树冠的可适量疏枝；枝叶集生树干顶部的苗木可不修剪；具有轮生侧枝，做行道树时，可剪除基部2～3层轮生侧枝。

②松树类苗木宜以疏枝为主，应剪去每轮中过多主枝，剪除重叠枝、下垂枝、内膛斜生枝、枯枝及机械损伤枝；修剪枝条时基部应留～2cm木橛。

③柏类苗木不宜修剪，具有双头或竞争枝、病虫枝、枯死枝应及时剪除。

（3）灌木及藤本类修剪应符合下列规定：

1）有明显主干型灌木，修剪时应保持原有树形，主枝分布均匀，主枝短截长度不宜超过1/2。

2）丛枝型灌木预留枝条宜大于30cm。多干型灌木不宜疏枝。

3）绿篱、色块、造型苗木，在种植后应按设计高度整形修剪。

4）藤本类苗木应剪除枯死枝、病虫枝、过长枝。

（4）苗木修剪应符合下列规定：

1）苗木修剪整形应符合设计要求，当无要求时，修剪整形应保持原树形。

2）苗木应无损伤断枝、枯枝、严重病虫枝等。

3）落叶树木的枝条应从基部剪除，不留木橛，剪口平滑，不得劈裂。

4）枝条短截时应留外芽，剪口应距留芽位置上方0.5cm。

5）修剪直径2cm以上大枝及粗根时，截口应削平，应涂防腐剂。

（5）非栽植季节栽植落叶树木，应根据不同树种的特性，保持树形，宜适当增加修剪量，可剪去枝条的1/3～1/2。

6.2.6 树木栽植

（1）树木栽植应符合下列规定：

1）树木栽植应根据树木品种的习性和当地气候条件，选择最适宜的栽植期进行栽植。

2）栽植的树木品种、规格、位置应符合设计规定。

3）带土球树木栽植前应去除土球不易降解的包装物。

4）栽植时应注意观赏面的合理朝向，树木栽植深度应与原种植线持平。

5）栽植树木回填的栽植土应分层踏实。

6）除特殊景观树外，树木栽植应保持直立，不得倾斜。

7）行道树或行列栽植的树木应在一条线上，相邻植株规格应合理搭配。

8）绿篱及色块栽植时，株行距、苗木高度、冠幅大小应均匀搭配，树形丰满的一面应向外。

9）树木栽植后应及时绑扎、支撑、浇透水。

10）树木栽植成活率不应低于95%，名贵树木栽植成活率应达到100%。

（2）树木浇灌水应符合下列规定：

1）树木栽植后应在栽植穴直径周围筑高10～20cm围堰，堰应筑实。

2）浇灌树木的水质应符合现行国家标准《农田灌溉水质标准》（GB 5084）的规定。

3）浇水时应在穴中放置缓冲垫。

4）每次浇灌水量应满足植物成活及生长需要。

5）新栽树木应在浇透水后及时封堰，以后根据当地情况及时补水。

6）对浇水后出现的树木倾斜，应及时扶正，并加以固定。

（3）树木支撑应符合下列规定：

1）应根据立地条件和树木规格进行三角支撑、四柱支撑、联排支撑及软牵拉。

2）支撑物的支柱应埋入土中不少于30cm，支撑物、牵拉物与地面连接点的连接应牢固。

3）连接树木的支撑点应在树木主干上，其连接处应衬软垫，并绑缚牢固。

4）支撑物、牵拉物的强度能够保证支撑有效；用软牵拉固定时，应设置警示标志。

5）针叶常绿树的支撑高度应不低于树木主干的2/3，落叶树支撑高度为树木主干高度的1/2。

6）同规格同树种的支撑物、牵拉物的长度、支撑角度、绑缚形式以及支撑材料宜统一。

（4）非种植季节进行树木栽植时，应根据不同情况采取下列措施：

1）苗木可提前进行环状断根处理或在适宜季节起苗，用容器假植，带土球栽植。

2）落叶乔木、灌木类应进行适当修剪并应保持原树冠形态，剪除部分侧枝，保留的侧枝应进行短截，并适当加大土球体积。

3）可摘叶的应摘去部分叶片，但不得伤害幼芽。

4）夏季可采取遮阴、树木裹干保湿、树冠喷雾或喷施抗蒸腾剂，减少水分蒸发；冬季应采取防风防寒措施。

5）掘苗时根部可喷布促进生根激素，栽植时可加施保水剂，栽植后树体可注射营养剂。

6）苗木栽植宜在阴雨天或傍晚进行。

（5）干旱地区或干旱季节，树木栽植应大力推广抗蒸腾剂、防腐促根、免修剪、营养液滴注等新技术，采用土球苗，加强水分管理等措施。

（6）对人员集散较多的广场、人行道，树木种植后，种植池应铺设透气铺装，加设护栏。

6.2.7 大树移植

（1）树木的规格符合下列条件之一的均应属于大树移植。

1）落叶和阔叶常绿乔木：胸径在20cm以上。

2）针叶常绿乔木：株高在6m以上或地径在18cm以上。

（2）大树移植的准备工作应符合下列规定：

1）移植前应对移植的大树生长、立地条件、周围环境等进行调查研究，制定技术方案和安全措施。

2）准备移植所需机械、运输设备和大型工具必须完好，确保操作安全。

3）移植的大树不得有明显的病虫害和机械损伤，应具有较好观赏面。应为植株健壮、生长正常的树木，并具备起重及运输机械等设备能正常工作的现场条件。

4）选定的移植大树，应在树干南侧做出明显标识，标明树木的阴、阳面及出土线。

5）移植大树可在移植前分期断根、修剪，做好移植准备。

（3）大树的挖掘及包装应符合下列规定：

1）针叶常绿树、珍贵树种、生长季移植的阔叶乔木必须带土球（土台）移植。

2）树木胸径20～25cm时，可采用土球移栽，进行软包装。当树木胸径大于25cm时，可采用土台移栽，用箱板包装，并应符合下列要求：

①挖掘高大乔木前应立好支柱，支稳树木。

②挖掘土球、土台应先去除表土，深度接近表土根。

③土球规格应为树木胸径的6～10倍，土球高度为土球直径的2/3，土球底部直径为土球直径的1/3；土台规格应上大下小，下部边长比上部边长少1/10。

④树根应用手锯锯断，锯口平滑、无劈裂，并不得露出土球表面。

⑤土球软质包装应紧实、无松动，腰绳宽度应大于10cm。

⑥土球直径1m以上的应做封底处理。

⑦土台的箱板包装应立支柱，稳定牢固，并应符合下列要求：

修平的土台尺寸应大于边板长度 5cm，土台面平滑，不得有砖石等凸出土台。

土台顶边应高于边板上口 1～2cm，土台底边应低于边板下口 1～2cm；边板与土台应紧密严实。

边板与边板、底板与边板、顶板与边板应钉装牢固无松动；箱板上端与坑壁、底板与坑底应支牢、稳定无松动。

3）休眠期移植落叶乔木可进行裸根带护心土移植，根幅应大于树木胸径的 6～10 倍，根部可喷保湿剂或蘸泥浆处理。

4）带土球的树木可适当疏枝：裸根移植的树木应进行重剪，剪去枝条的1/2～2/3。针叶常绿树修剪时应留 1～2cm 木橛，不得贴根剪去。

（4）大树移植的吊装运输，应符合下列规定：

1）大树吊装、运输的机具、设备应符合《园林绿化工程施工及验收规范》（CJJ 82—2012）第 4.4.3 条的规定。

2）吊装、运输时，应对大树的树干、枝条、根部的土球、土台采取保护措施。

3）大树吊装就位时，应注意选好主要观赏面的方向。

4）应及时用软垫层支撑、固定树体。

（5）大树移栽时应符合下列规定：

1）大树的规格、种类、树形、树势应符合设计要求。

2）定点放线应符合施工图规定。

3）栽植穴应根据根系或土球的直径加大 60～80cm，深度增加 20～30cm。

4）种植土球树木，应将土球放稳，拆除包装物；大树修剪应符合《园林绿化工程施工及验收规范》（CJJ 82—2012）第 4.5.4 条的要求。

5）栽植深度应保持下沉后原土痕和地面等高或略高，树干或树木的重心应与地面保持垂直。

6）栽植回填土壤应用种植土，肥料应充分腐熟，加土混合均匀，回填土应分层捣实，培土高度恰当。

7）大树栽植后设立支撑应牢固，并进行裹干保湿，栽植后应及时浇水。

8）大树栽植后，应对新植树木进行细致的养护和管理，应配备专职技术人员做好修剪、剥芽、喷雾、叶面施肥、浇水、排水、搭设遮阴棚、包裹树干、设置风障、防台风、防寒和病虫害防治等管理工作。

6.2.8 草坪和草本地被栽植

（1）草坪和草本地被播种应符合下列规定：

1）应选择适合本地的优良种子；草坪、草本地被种子纯净度应达到 95%以上；冷地型草坪种子发芽率应达到 85%以上，暖地型草坪种子发芽率应达到

70%以上。

2）播种前应做发芽试验和催芽处理，确定合理的播种量，不同草种的播种量可按照表6-6进行播种。

表6-6 不同草种的播种量

草坪种类	精细播种量（g/m^2）	粗放播种量（g/m^2）
剪股颖	3～5	5～8
早熟禾	8～10	10～15
多年生黑麦草	25～30	30～40
高羊茅	20～25	25～35
羊胡子草	7～10	10～15
结缕草	8～10	10～15
狗牙根	15～20	20～25

3）播种前应对种子进行消毒、杀菌。

4）整地前应进行土壤处理，防治地下害虫。

5）播种时应浇水浸地，保持土壤湿润，并将表层土耧细耙平，坡度应达到0.3%～0.5%。

6）用等量沙土与种子拌匀进行撒播，播种后应均匀覆细土0.3～0.5cm并轻压。

7）播种后应及时喷水，种子萌发前，干旱地区应每天喷水1～2次，水点宜细密均匀，浸透土层8～10cm，保持土表湿润，不应有积水，出苗可减少喷水次数，土壤宜见湿见干。

8）混播草坪应符合下列规定：

①混播草坪的草种及配合比应符合设计要求；

②混播草坪应符合互补原则，草种叶色相近，融合性强；

③播种时宜单个品种依次单独撒播，应保持各草种分布均匀。

（2）草坪和草本地被植物分栽应符合下列规定：

1）分栽植物应选择强匍匐茎或强根茎生长习性的草种。

2）各生长期均可栽植。

3）分栽的植物材料应注意保鲜，不萎蔫。

4）干旱地区或干旱季节，栽植前应浇水浸地，浸水深度应达10cm以上。

5）草坪分栽植物的株行距，每丛的单株数应满足设计要求，设计无明确要求时，可按丛的组行距（15～20）cm×（15～20）cm成品字形；也可以1m植物材料按1∶3～1∶4的系数进行栽植。

6）栽植后应平整地面，适度压实，立即浇水。

（3）铺设草块、草卷应符合下列规定：

1）掘草块、草卷前应适量浇水，待渗透后掘取。

2）草块、草卷运输时应用垫层相隔、分层放置，运输装卸时应防止破碎。

3）当日进场的草卷、草块数量应做好测算并与铺设进度相一致。

4）草卷、草块铺设前应浇水浸地细整找平，不得有低洼处。

5）草地排水坡度适当，不应有坑洼积水。

6）铺设草卷、草块应相互衔接不留缝，高度一致，间铺缝隙应均匀，并填以栽植土。

7）草块、草卷在铺设后应进行滚压或拍打与土壤密切接触。

8）铺设草卷、草块，应及时浇透水，浸湿土壤厚度应大于10cm。

（4）运动场草坪的栽植应符合下列规定：

1）运动场草坪的排水层、渗水层、根系层、草坪层应符合设计要求。

2）根系层的土壤应浇水沉降，进行水夯实，基质铺设细致均匀，整体紧实度适宜。

3）根系层土壤的理化性质应符合《园林绿化工程施工及验收规范》（CJJ 82—2012）第4.1.3条的规定。

4）铺植草块，大小厚度应均匀，缝隙严密，草块与表层基质结合紧密。

5）成坪后草坪层的覆盖度应均匀，草坪颜色无明显差异，无明显裸露斑块，无明显杂草和病虫害症状，茎密度应为2～4枚/cm^2。

6）运动场根系层相对标高、排水坡降、厚度、平整度允许偏差应符合表6-7的规定。

表6-7 运动场根系层相对标高、排水坡降、厚度、平整度允许偏差

项次	项目	尺寸要求（cm）	允许偏差（cm）	检查数量		检验方法
				范围（m^2）	点数	
1	根系层相对标高	设计要求	+2，0	500	3	测量（水准仪）
2	排水坡降	设计要求	≤0.5%	500	3	
3	根系层土壤块径	运动型	≤1.0	500	3	观察
4	根系层平整度	设计要求	≤2	500	3	测量（水准仪）
5	根系层厚度	设计要求	±1	500	3	挖样洞（或环刀取样）量取
6	草坪层 草高修剪控制	4.5～6.0	±1	500	3	观察、检查剪草记录

（5）草坪和草本地被的播种、分栽，草块、草卷铺设运动场草坪成坪后应符合下列规定：

1）成坪后覆盖度应不低于95%。

2）单块裸露面积应不大于25cm。

3）杂草及病虫害的面积应不大于5%。

6.2.9 花卉栽植

（1）花卉栽植应按照设计图定点放线，在地面准确画出位置、轮廓线。花卉栽植面积较大时，可用方格线法，按比例放大到地面。

（2）花卉栽植应符合下列规定：

1）花苗的品种、规格、栽植放样、栽植密度、栽植图案均应符合设计要求。

2）花卉栽植土及表层土整理应符合《园林绿化工程施工及验收规范》（CJJ 82—2012）第4.1.3条和第4.1.6条的规定。

3）株行距应均匀，高低搭配应恰当。

4）栽植深度应适当，根部土壤应压实，花苗不得沾泥污。

5）花苗应覆盖地面，成活率不应低于95%。

（3）花卉栽植的顺序应符合下列规定：

1）大型花坛，宜分区、分规格、分块栽植。

2）独立花坛，应由中心向外顺序栽植。

3）模纹花坛应先栽植图案的轮廓线，后栽植内部填充部分。

4）坡式花坛应由上向下栽植。

5）高矮不同品种的花苗混植时，应按先高后矮的顺序栽植。

6）宿根花卉与一、二年生花卉混植时，应先栽植宿根花卉，后栽一、二年生花卉。

（4）花境栽植应符合下列规定：

1）单面花境应从后部栽植高大的植株，依次向前栽植低矮植物。

2）双面花境应从中心部位开始依次栽植。

3）混合花境应先栽植大型植株，定好骨架后依次栽植宿根、球根及一、二年生的草花。

4）设计无要求时，各种花卉应成团、成丛栽植，各团、丛间花色、花期搭配合理。

（5）花卉栽植后，应及时浇水，并应保持植株茎叶清洁。

6.2.10 水湿生植物栽植

（1）主要水湿生植物最适栽培水深应符合表6-8的规定。

表6-8 主要水湿生植物最适栽培水深

序号	名称	类别	栽培水深（cm）
1	千屈菜	水湿生植物	5～10
2	鸢尾（耐湿类）	水湿生植物	5～10
3	荷花	挺水植物	60～80

续表

序号	名称	类别	栽培水深（cm）
4	菖蒲	挺水植物	5～10
5	水葱	挺水植物	5～10
6	慈姑	挺水植物	10～20
7	香蒲	挺水植物	20～30
8	芦苇	挺水植物	20～80
9	睡莲	浮水植物	10～60
10	芡实	浮水植物	＜100
11	菱角	浮水植物	60～100
12	荇菜	漂浮植物	100～200

（2）水湿生植物栽植地的土壤质量不良时，应更换合格的栽植土，使用的栽植土和肥料不得污染水源。

（3）水景园、水湿生植物景点、人工湿地的水湿生植物栽植槽工程应符合下列规定：

1）栽植槽的材料、结构、防渗应符合设计要求。

2）槽内不宜采用轻质土或栽培基质。

3）栽植槽土层厚度应符合设计要求，无设计要求的应大于50cm。

（4）水湿生植物栽植的品种和单位面积栽植数应符合设计要求。

（5）水湿生植物的病虫害防治应采用生物和物理防治方法，严禁药物污染水源。

（6）水湿生植物栽植后至长出新株期间应控制水位，严防新苗（株）浸泡窒息死亡。

（7）水湿生植物栽植成活后单位面积内拥有成活苗（芽）数符合表6-9的规定。

表6-9 水湿生植物栽植成活后单位面积内拥有成活苗（芽）数

项次	种类、名称		单位	每1m^2内成活苗（芽）数	地下部、水下部特征
1	水湿生类	千屈菜	丛	9～12	地下具粗硬根茎
		鸢尾（耐湿类）	株	9～12	地下具鳞茎
		落新妇	株	9～12	地下具根状茎
		地肤	株	6～9	地下具明显主根
		萱草	株	9～12	地下具肉质短根茎

续表

项次	种类、名称		单位	每 1m² 内成活苗（芽）数	地下部、水下部特征
2	挺水类	荷花	株	不少于 1	地下具横生多节根状茎
		雨久花	株	6～8	地下具匍匐状短茎
		石菖蒲	株	6～8	地下具硬质根茎
		香蒲	株	4～6	地下具粗壮匍匐根茎
		菖蒲	株	4～6	地下具较偏肥根茎
		水葱	株	6～8	地下具横生粗壮根茎
		芦苇	株	不少于 1	地下具粗壮根状茎
		茭白	株	4～6	地下具匍匐茎
		慈姑、荸荠、泽泻	株	6～8	地下具根茎
3	浮水类	睡莲	盆	按设计要求	地下具横生或直立块状根茎
		菱角	株	9～12	地下根茎
		大漂	丛	控制在繁殖水域以内	根浮悬垂水中

6.2.11 竹类栽植

（1）竹苗选择应符合下列规定：

1）散生竹应选择一、二年生、健壮无明显病虫害、分枝低、枝繁叶茂、鞭色鲜黄、鞭芽饱满、根鞭健全、无开花枝的母竹。

2）丛生竹应选择竿基芽眼肥大充实、须根发达的 1～2 年生竹丛；母竹应大小适中，大竿竹竿径宜为 3～5cm；小竿竹竿径宜为 2～3cm；竿基应有健芽 4～5 个。

（2）竹类栽植最佳时间应根据各地区自然条件确定。

（3）竹苗的挖掘应符合下列规定：

1）散生竹母竹挖掘：

①可根据母竹最下一盘枝杈生长方向确定来鞭、去鞭走向进行挖掘；

②母竹必须带鞭，中小型散生竹宜留来鞭 20～30cm，去鞭 30～40cm；

③切断竹鞭截面应光滑，不得劈裂；

④应沿竹鞭两侧深挖 40cm，截断母竹底根，挖出的母竹与竹鞭结合应良好，根系完整。

2）丛生竹母竹挖掘：

①挖掘时应在母竹 25～30cm 的外围，扒开表土，由远至近逐渐挖深，应严防损伤竿基部芽眼，竿基部的须根应尽量保留；

②在母竹一侧应找准母竹竿柄与老竹竿基的连接点，切断母竹竿柄，连蔸一起挖起，切断操作时，不得劈裂竿柄、竿基；

③每蔸分株根数应根据竹种特性及竹竿大小确定母竹竿数，大竹种可单株挖蔸，小竹种可 3～5 株成墩挖掘。

(4) 竹类的包装运输应符合下列规定：

1) 竹苗应采用软包装进行包扎，并应喷水保湿。

2) 竹苗长途运输应用篷布遮盖，中途应喷水或于根部置放保湿材料。

3) 竹苗装卸时应轻装轻放，不得损伤竹竿与竹鞭之间的着生点和鞭芽。

(5) 竹类修剪应符合下列规定：

1) 散生竹竹苗修剪时，挖出的母竹宜留枝5～7盘，将顶梢剪去，剪口应平滑；不打尖修剪的竹苗栽后应进行喷水保湿。

2) 丛生竹竹苗修剪时，竹竿应留枝2～3盘，应靠近节间斜向将顶梢截除；切口应平滑呈马耳形。

(6) 竹类栽植应符合下列规定：

1) 竹类材料品种、规格应符合设计要求。

2) 放样定位应准确。

3) 栽植地应选择土层深厚、肥沃、疏松、湿润、光照充足且排水良好的壤土（华北地区宜背风向阳）。对较黏重的土壤及盐碱土应进行换土或土壤改良并符合《园林绿化工程施工及验收规范》（CJJ 82—2012）第4.1.3条的要求。

4) 竹类栽植地应进行翻耕，深度宜为30～40cm，清除杂物，增施有机肥，并做好隔根措施。

5) 栽植穴的规格及间距可根据设计要求及竹蔸大小进行挖掘，丛生竹的栽植穴宜大于根蔸的1～2倍；中小型散生竹的栽植穴规格应比鞭根长40～60cm、宽40～50cm、深20～40cm。

6) 竹类栽植，应先将表土填于穴底，深浅适宜，拆除竹苗包装物，竹蔸入穴，根鞭应舒展，竹鞭在土中深度宜20～25cm；覆土深度宜比母竹原土痕高3～5cm，进行踏实，及时浇水，渗水后覆土。

(7) 竹类栽植后的养护应符合下列规定：

1) 栽植后应用立柱或横杆互连支撑，严防晃动。

2) 栽后应及时浇水。

3) 发现露鞭时应进行覆土并及时除草松土，严禁踩踏根、鞭、芽。

6.2.12　设施空间绿化

(1) 建筑物、构筑物设施的顶面、地面、立面及围栏等的绿化，均应属于设施空间绿化。

(2) 设施顶面绿化施工前应对顶面基层进行蓄水试验及对找平层的质量进行验收。

(3) 设施顶面绿化栽植基层（盘）应有良好的防水排灌系统，防水层不得渗漏。

(4) 设施顶面栽植基层工程应符合下列规定：

1) 耐根穿刺防水层按下列方式进行：

①耐根穿刺防水层的材料品种、规格、性能应符合设计及相关标准要求；

②耐根穿刺防水层材料应见证抽样复验；

③耐根穿刺防水层的细部构造、密封材料嵌填应密实饱满，黏结牢固无气泡、开裂等缺陷；

④卷材接缝应牢固、严密符合设计要求；

⑤立面防水层应收头入槽，封严；

⑥施工完成应进行蓄水或淋水试验，24h 内不得有渗漏或积水；

⑦成品应注意保护，施工现场不得堵塞排水口。

2）排蓄水层按下列方式进行：

①凹凸形塑料排蓄水板厚度、顺槎搭接宽度应符合设计要求，设计无要求时，搭接宽度应大于 15cm。

②采用卵石、陶粒等材料铺设排蓄水层的，其铺设厚度应符合设计要求。

③卵石大小均匀；屋顶绿化采用卵石排水的，粒径应为 3～5cm；地下设施覆土绿化采用卵石排水的，粒径应为 8～10cm。

④四周设置明沟的，排蓄水层应铺至明沟边缘。

⑤挡土墙下设排水管的，排水管与天沟或落水口应合理搭接，坡度适当。

3）过滤层按下列方式进行：

①过滤层的材料规格、品种应符合设计要求。

②采用单层卷状聚丙烯或聚酯无纺布材料，单位面积质量必须大于 150g/m，搭接缝的有效宽度应达到 10～20cm。

③采用双层组合卷状材料：上层蓄水棉，单位面积质量应达到 200～300g/m；下层无纺布材料，单位面积质量应达到 100～150g/m。卷材铺设在排（蓄）水层上，向栽植地四周延伸，高度与种植层齐高，端部收头应用胶黏剂黏结，黏结宽度不得小于 5cm 或用金属条固定。

（5）设施面层不适宜做栽植基层的障碍性层面栽植基盘工程应符合下列规定：

1）透水、排水、透气、渗管等构造材料和栽植土（基质）应符合栽植要求。

2）施工做法应符合设计和规范要求。

3）障碍性层面栽植基盘的透水、透气系统或结构性能良好，浇灌后无积水，雨期无沥涝。

（6）设施顶面栽植工程植物材料的选择和栽培方式应符合下列规定：

1）乔、灌木应首选耐旱节水、再生能力强、抗性强的种类和品种。

2）植物材料应首选容器苗、带土球苗和苗卷、生长垫、植生带等全根苗木。

3）草坪建植、地被植物栽植宜采用播种工艺。

4）苗木修剪应适应抗风要求，修剪应符合《园林绿化工程施工及验收规范》（CJJ 82—2012）第 4.5.4 条的规定。

5）栽植乔木的固定可采用地下牵引装置，栽植乔木的固定应与栽植同时完成。

6）植物材料的种类、品种和植物配植方式应符合设计要求。

7）自制或采用成套树木固定牵引装置、预埋件等应符合设计要求，支撑操作使栽植的树木牢固。

8）树木栽植成活率及地被覆盖度应符合《园林绿化工程施工及验收规范》（CJJ 82—2012）第4.6.1条第10款和第4.8.5条第1款的规定。

9）植物栽植定位符合设计要求。

10）植物材料栽植，应及时进行养护和管理，不得有严重枯黄死亡、植被裸露和明显病虫害。

（7）设施的立面及围栏的垂直绿化应根据立地条件进行栽植，并符合下列规定：

1）低层建筑物、构筑物的外立面、围栏前为自然地面，符合栽植土标准时，可进行整地栽植。

2）建筑物、构筑物的外立面及围栏的立地条件较差，可利用栽植槽栽植，槽的高度宜为50～60cm，宽度宜为50cm，种植槽应有排水孔；栽植土应符合《园林绿化工程施工及验收规范》（CJJ 82—2012）第4.1.3条的规定。

3）建筑物、构筑物立面较光滑时，应加设载体后进行栽植。

4）垂直绿化栽植的品种、规格应符合设计要求。

5）植物材料栽植后应牵引、固定、浇水。

6.2.13　坡面绿化

（1）土壤坡面、岩石坡面、混凝土覆盖面的坡面等，进行绿化栽植时，应有防止水土流失的措施。

（2）陡坡和路基的坡面绿化防护栽植层工程应符合下列规定：

1）用于坡面栽植层的栽植土（基质）理化性状应符合《园林绿化工程施工及验收规范》（CJJ 82—2012）第4.1.3条的规定。

2）混凝土格构、固土网垫、格栅、土工合成材料、喷射基质等施工做法应符合设计和规范要求。

3）喷射基质不应剥落；栽植土或基质表面无明显沟蚀、流失；栽植土（基质）的肥效不得少于3个月。

（3）坡面绿化采取喷播种植时，应符合下列规定：

1）喷播宜在植物生长期进行。

2）喷播前应检查锚杆网片固定情况，清理坡面。

3）喷播的种子覆盖料、土壤稳定剂的配合比应符合设计要求。

4）播种覆盖应均匀无漏，喷播厚度均匀一致。

5）喷播应从上到下依次进行。

6）在强降雨季节喷播时应注意覆盖。

6.2.14 重盐碱、重黏土土壤改良

（1）土壤全盐含量大于或等于0.5%的重盐碱地和土壤重黏地区的绿化栽植工程应实施土壤改良。

（2）重盐碱、重黏土地土壤改良的原理和工程措施基本相同，也可应用于设施面层绿化。土壤改良工程应由相应资质的专业施工单位施工。

（3）重盐碱、重黏土地的排盐（渗水）、隔淋（渗水）层工程应符合下列规定：

1）排盐（渗水）管沟、隔淋（渗水）层开槽按下列方式进行：

①开槽范围、槽底高程应符合设计要求，槽底应高于地下水标高；

②槽底不得有淤泥、软土层；

③槽底应找平和适度压实，槽底标高和平整度允许偏差应符合表6-10的规定。

表6-10　排盐（渗水）隔淋（渗水）层铺设厚度允许偏差

<table>
<tr><th rowspan="2">项次</th><th rowspan="2" colspan="2">项目</th><th rowspan="2">尺寸要求（cm）</th><th rowspan="2">允许偏差（cm）</th><th colspan="2">检查数量</th><th rowspan="2">检验方法</th></tr>
<tr><th>范围（m²）</th><th>点数</th></tr>
<tr><td rowspan="2">1</td><td rowspan="2">槽底</td><td>槽底高程</td><td>设计要求</td><td>±2</td><td rowspan="2">1000</td><td>5～10</td><td rowspan="2">测量</td></tr>
<tr><td>槽底平整度</td><td>设计要求</td><td>±3</td><td>5～10</td></tr>
<tr><td rowspan="3">2</td><td rowspan="3">排盐管（渗水管）</td><td>每100m坡度</td><td>设计要求</td><td>≤1</td><td>200</td><td>5</td><td>测量</td></tr>
<tr><td>水平移位</td><td>设计要求</td><td>±3</td><td>200</td><td>3</td><td>量测</td></tr>
<tr><td>排盐（渗水）管底至排盐（渗水）沟底距离</td><td>12</td><td>±2</td><td>200</td><td>3</td><td>量测</td></tr>
<tr><td rowspan="3">3</td><td rowspan="3">隔淋（渗水）层</td><td rowspan="3">厚度</td><td>16～20</td><td>±2</td><td rowspan="3">1000</td><td rowspan="3">5～10</td><td rowspan="3">量测</td></tr>
<tr><td>11～15</td><td>±1.5</td></tr>
<tr><td>≤10</td><td>±1</td></tr>
<tr><td rowspan="3">4</td><td rowspan="3">观察井</td><td>主排盐（渗水）管入井管底标高</td><td rowspan="3">设计要求</td><td>0～5</td><td rowspan="3">每座</td><td rowspan="3">3</td><td rowspan="3">测量；量测</td></tr>
<tr><td>观察井至排盐（渗水）管底距离</td><td>±2</td></tr>
<tr><td>井盖标高</td><td>±2</td></tr>
</table>

2）排盐管（渗水管）敷设按下列方式进行：

①排盐管（渗水管）敷设走向、长度、间距及过路管的处理应符合设计要求；

②管材规格、性能符合设计和使用功能要求，并有出厂合格证；

③排盐（渗水）管应通顺有效，主排盐（渗水）管应与外界市政排水管网接通，终端管底标高应高于排水管管中15cm以上；

④排盐（渗水）沟断面和填埋材料应符合设计要求；

⑤排盐（渗水）管的连接与观察井的连接末端排盐管的封堵应符合设计

要求；

⑥排盐（渗水）管、观察井允许偏差应符合表6-10中的规定。

3）隔淋（渗水）层按下列方式进行：

①隔淋（渗水）层的材料及铺设厚度应符合设计要求；

②铺设隔淋（渗水）层时，不得损坏排盐（渗水）管；

③石屑淋层材料中，石粉和泥土含量不得超过10%，其他淋（渗水）层材料中也不得掺杂黏土、石灰等黏结物；

④排盐（渗水）隔淋（渗水）层铺设厚度允许偏差应符合表6-10中的要求。

（4）排盐（渗水）管的观察井的管底标高、观察井至排盐（渗水）管底距离、井盖标高允许偏差应符合表6-10中的规定。

（5）排盐隔淋（渗水）层完工后，应对观察井主排盐（渗水）管进行通水检查，主排盐（渗水）管应与市政排水管网接通。

（6）雨后检查积水情况。对雨后24h仍有积水地段应增设渗水井与隔淋层沟通。

6.3 园路广场铺装工程

（1）地面工程基层、面层所用材料的品种、质量、规格，各结构层纵横向坡度、厚度、标高和平整度应符合设计要求；面层与基层的结合（黏结）必须牢固，不得空鼓、松动，面层不得积水。园路的弧度应顺畅自然。

（2）碎拼花岗岩面层（包括其他不规则路面面层）应符合下列要求：

1）材料边缘呈自然碎裂形状，形态基本相似，不宜出现尖锐角及规则形。

2）色泽及大小搭配协调，接缝大小、深浅一致。

3）表面洁净，地面不积水。

（3）卵石面层应符合下列规定：

1）卵石面层应按排水方向调坡。

2）面层铺贴前应对基础进行清理后刷素水泥砂浆一遍。

3）水泥砂浆厚度不应低于4cm，强度等级不应低于M10。

4）卵石的颜色搭配协调、颗粒清晰、大小均匀、石粒清洁，排列方向一致（特殊拼花要求除外）。

5）露面卵石铺设应均匀，窄面向上，无明显下沉颗粒，并达到全铺设面70%以上，嵌入砂浆的厚度为卵石整体的60%。

6）砂架强度达到设计强度的70%时，应冲洗石子表面。

7）带状卵石铺装大于6延长米时，应设伸缩缝。

（4）嵌草地面面层应符合下列规定：

1）块料不应有裂纹、缺陷，铺设平稳，表面清洁。

2）块料之间应填种植土，种植土厚度不宜小于8cm，种植土填充面应低于块料上表面1～2cm。

3）嵌草平整，不得积水。

（5）水泥花砖、混凝土板块、花岗岩等面层应符合下列规定：

1）在铺贴前，应对板块的规格尺寸、外观质量、色泽等进行预选，浸水湿润晾干待用。

2）勾缝和压缝应采用同品种、同强度等级、同颜色的水泥，并做好养护和保护。

3）面层的表面应洁净，图案清晰，色泽一致，接缝平整，深浅一致，周边顺直，板块无裂缝、掉角和缺棱等缺陷。

（6）冰梅面层应符合下列规定：

1）面层的色泽、质感、纹理、块体规格大小应符合设计要求。

2）石质材料要求强度均匀，抗压强度不小于30MPa；软质面层石材要求细滑、耐磨，表面应洗净。

3）板块面宜五边以上为主，块体大小不宜均匀，符合一点三线原则，不得出现正多边形及阴角（内凹角）、直角。

4）垫层应采用同品种、同强度等级的水泥，并做好养护和保护。

5）面层的表面应洁净，图案清晰，色泽一致，接缝平整，深浅一致，留缝宽度一致，周边顺直，大小适中。

（7）花街铺地面层应符合下列规定：

1）纹样、图案、线条大小长短规格应统一、对称。

2）填充料宜色泽丰富，镶嵌应均匀，露面部分不应有明显的锋口和尖角。

3）完成面的表面应洁净、图案清晰、色泽统一、接缝平整、深浅一致。

（8）大方砖面层应符合下列规定：

1）大方砖色泽应一致、棱角齐全，不应有隐裂及明显气孔，规格尺寸符合设计要求。

2）方砖铺设面四角应平整、合缝均匀、缝线通直、砖缝油灰饱满。

3）砖面桐油涂刷应均匀，涂刷遍数应符合设计规定，不得漏刷。

（9）压模面层应符合下列规定：

1）压模面层不得开裂，基层设计有要求的，按设计处理，设计无要求的，应采用双层双向钢筋混凝土浇捣。

2）路面每隔10m应设伸缩缝。

3）完成面应色泽均匀、平整，块体边缘清晰、无翘曲。

（10）透水砖面层应符合下列规定：

1）透水砖的规格及厚度应统一。

2）铺设前必须按铺设范围排砖，边沿部位形成小粒砖时，必须调整砖块的间距或进行两边切割。

3）面砖块间隙应均匀，色泽一致，排列形式应符合设计要求，表面平整，不应松动。

（11）小青砖（黄道砖）面层应符合下列规定：

1）小青砖（黄道砖）规格、色泽应统一、厚薄一致，不应缺棱掉角，上面应四角通直且均为直角。

2）面砖块间排列应紧密，色泽均匀，表面平整，不应松动。

（12）自然块石面层应符合下列规定：

1）铺设区域基底土应预先夯实、无沉陷。

2）铺设用的自然块石应选用具有较平坦、大面的石块，块体间排列紧密，高度一致，踏面平整，无倾斜、翘动。

（13）水洗石面层应符合下列要求：

1）水洗石铺装的细卵石（混合卵石除外）应色泽统一、颗粒大小均匀，规格符合设计要求。

2）路面的石子表面色泽应清晰洁净，不应有水泥浆残留、开裂。

3）酸洗液冲洗彻底，不得残留腐蚀痕迹。

（14）园路、广场地面铺装工程的允许偏差和检验方法应符合《园林绿化工程施工及验收规范》（CJJ 82—2012）表 5.1.14 的规定。

（15）侧石安装应符合下列规定：

1）底部和外侧应坐浆，安装稳固。

2）顶面应平整、线条应顺直。

3）曲线段应圆滑，无明显折角。

4）侧石安装允许偏差应符合《园林绿化工程施工及验收规范》（CJJ 82—2012）表 5.1.14 的规定。

6.4 景观水景施工工程

（1）水景水池应按设计要求预埋各种预埋件，穿过池壁和池底的管道应采取防渗漏措施，池体施工完成后，应进行灌水试验。灌水试验方法应符合现行国家标准《给水排水构筑物工程施工及验收规范》（GB 50141）的规定。

（2）水景管道安装应符合下列规定：

1）管道安装宜先安装主管，后安装支管，管道位置和标高应符合设计要求。

2）配水管网管道水平安装时，应有 0.2%～0.5%的坡度坡向泄水点。

3）管道下料时，管道切口应平整，并与管中心垂直。

4）各种材质的管材连接应保证不渗漏。

（3）水景潜水泵规格应符合设计规定，安装应符合下列规定：

1）潜水泵应采用法兰连接。

2）同组喷泉用的潜水水泵应安装在同一高程。

3）潜水泵轴线应与总管轴线平行或垂直。

4）潜水泵淹没深度小于 50cm 时，在泵吸入口处应加装防护网罩。

5）潜水泵电缆应采用防水型电缆，控制开关应采用漏电保护开关。

（4）水景喷泉工程应符合安全使用要求，喷头规格和射程及景观艺术效果应符合设计规定。

（5）浸入水中的电缆应采用 24V 低压水下电缆，水下灯具和接线盒应满足密封防渗要求。

（6）瀑布、跌水工程的出水量应符合设计要求，下水应形成瀑布状，出水应均匀分布于出水周边，水流不得渗漏其他叠石部位，不得冲击种植槽内的植物，并应符合设计的景观艺术效果。

（7）水景喷泉的喷头安装应符合下列规定：

1）管网应在安装完成试压合格并进行冲洗后，方可安装喷头。

2）喷头前应有长度不小于 10 倍喷头公称尺寸的直线管段或设整流装置。

3）确定喷头距水池边缘的合理距离，溅水不得溅至水池外面的地面上或收水线以内。

4）同组喷泉用喷头的安装形式宜相同。

5）隐蔽安装的喷头，喷口出流方向水流轨迹上不应有障碍物。

（8）水景水池表面颜色、纹理、质感应协调统一，吸水率、反光度等性能良好，表面不易被污染，色彩与块面布置应均匀美观。

（9）园林驳岸工程应符合下列规定：

1）园林驳岸地基应相对稳定，土质应均匀一致，防止出现不均匀沉降。持力层标高应低于水体最低水位标高 50cm。基础垫层按设计要求施工，设计未提出明确要求时，基础垫层应为 10cm 厚 C15 混凝土。其宽度应大于基础底宽度 10cm。

2）园林驳岸基础的宽度应符合设计要求，设计未提出明确要求的，基础宽度应是驳岸主体高度的 3/5～4/5，压顶宽度最低不得小于 36cm，砌筑砂浆应采用 1∶3 水泥砂浆。

3）园林驳岸视其砌筑材料不同，应执行不同的砌筑施工规范。砌筑主体的石材应配重合理、砌筑牢固，防止水托浮力使石材产生移位。

4）驳岸后侧回填土不得采用黏性土，并应按要求设置排水盲沟与雨水排水系统相连。

5）较长的园林驳岸，应每隔 20～30m 设置变形缝，变形缝宽度应为 1～2cm；园林驳岸顶部标高出现较大高程差时，应设置变形缝。

6）以石材为主体材料的自然式园林驳岸，其砌筑应曲折蜿蜒、错落有致、纹理统一，景观艺术效果符合设计规定。

7）规则式园林驳岸压顶标高距水体最高水位标高不宜小于 50cm。

8）园林驳岸溢水口的艺术处理，应与驳岸主体风格一致。

6.5 室外安装工程

（1）座椅（凳）、标牌、果皮箱的安装应符合下列规定：

1）座椅（凳）、标牌、果皮箱的质量应符合相关产品标准的规定，并应通过产品检验合格。

2）座椅（凳）、标牌、果皮箱材质、规格、形状、色彩、安装位置应符合设计要求，标牌的指示方向应准确无误。

3）座椅（凳）、标牌、果皮箱的安装方法应按照产品安装说明或设计要求进行。

4）安装基础应符合设计要求。

5）座椅（凳）、果皮箱应安装牢固、无松动，标牌支柱安装应直立、不倾斜，支柱表面应整洁、无毛刺，标牌与支柱连接、支柱与基础连接应牢固、无松动。

6）金属部分及其连接件应做防锈处理。

（2）园林护栏应符合下列规定：

1）竹木质护栏、金属护栏、钢筋混凝土护栏、绳索护栏等均应属于维护绿地及具有一定观赏效果的隔栏。

2）护栏高度、形式、图案、色彩应符合设计要求。

3）金属护栏和钢筋混凝土护栏应设置基础，基础强度和埋深应符合设计要求；设计无明确要求时，高度在 1.5m 以下的护栏，其混凝土基础尺寸不应小于 30cm×30cm×30cm；高度在 1.5m 以上的护栏，其混凝土基础尺寸不应小于 40cm×40cm×40cm。

4）园林护栏基础采用的混凝土强度不应低于 C20。

5）现场加工的金属护栏应做防锈处理。

6）栏杆之间、栏杆与基础之间的连接应紧实牢固。金属栏杆的焊接应符合国家现行相关标准的要求。

7）竹木质护栏的主桩下埋深度不应小于 50cm。主桩的下埋部分应做防腐处理。主桩之间的间距不应大于 6m。

8）栏杆空隙应符合设计要求，设计未提出明确要求的，宜为 15cm 以下。

9）护栏整体应垂直、平顺。

10）用于攀缘绿化的园林护栏应符合植物生长要求。

（3）绿地喷灌的喷头安装和调试应符合下列规定：

1）管网应在安装完成试压合格并进行冲洗后，方可安装喷头，喷头规格和射程应符合设计要求，洒水均匀，并符合设计的景观艺术效果。

2）绿地喷灌工程应符合安全使用要求，喷洒到道路上的喷头应进行调整。

3）喷头定位应准确，埋地喷头的安装应符合设计和地形的要求。

4）喷头高低应根据苗木要求调整，各接头无渗漏，各喷头达到工作压力。

6.6 工程质量验收

6.6.1 一般规定

（1）园林绿化工程的质量验收，应按检验批、分项工程、分部（子分部）工程、单位（子单位）工程的顺序进行。园林绿化工程的分项、分部、单位工程可按《园林绿化工程施工及验收规范》（CJJ 82—2012）附录A进行划分。

（2）园林绿化工程施工质量验收应符合下列规定：

1）参加工程施工质量验收的各方人员应具备规定的资格。

2）园林绿化工程的施工应符合工程设计文件的要求。

3）园林绿化工程施工质量应符合《园林绿化工程施工及验收规范》（CJJ 82—2012）及国家现行相关专业验收标准的规定。

4）工程质量的验收均应在施工单位自行检查评定的基础上进行。

5）隐蔽工程在隐蔽前应由施工单位通知有关单位进行验收，并应形成验收文件。

6）分项工程的质量应按主控项目和一般项目验收。

7）关系到植物成活的水、土、基质，涉及结构安全的试块、试件及有关材料，应按规定进行见证取样检测。

8）承担见证取样检测及有关结构安全检测的单位应具有相应资质。

（3）园林绿化工程物资的主要原材料、成品、半成品、配件、器具和设备必须具有质量合格证明文件，规格型号及性能检测报告应符合国家现行技术标准及设计要求。植物材料、工程物资进场时应做检查验收，并经监理工程师核查确认，形成相应的检查记录。

（4）工程竣工验收后，建设单位应将有关文件和技术资料归档。

6.6.2 质量验收

（1）分项、分部、单位工程质量等级均应为“合格”。

（2）检验批质量验收应符合下列规定：

1）主控项目和一般项目的质量经抽样检验应合格。

2）应具有完整的施工操作依据、质量检查记录。

（3）分项工程质量验收应符合下列规定：

1）分项工程质量验收的项目和要求，应符合《园林绿化工程施工及验收规范》（CJJ 82—2012）附录B的规定。

2）分项工程所含的检验批，均应符合合格质量的规定。

3）分项工程所含的检验批的质量验收记录应完整。

（4）分部（子分部）工程质量验收应符合下列规定：

1）分部（子分部）工程所含分项工程的质量均应验收合格。

2）质量控制资料应完整。

3）栽植土质量、植物病虫害检疫，有关安全及功能的检验和抽样检测结果应符合有关规定。

4）观感质量验收应符合要求。

（5）单位（子单位）工程质量验收应符合下列规定：

1）单位（子单位）工程所含分部（子分部）工程的质量均应验收合格。

2）质量控制资料应完整。

3）单位（子单位）工程所含分部工程有关安全和功能的检测资料应完整。

4）观感质量验收应符合要求。

5）乔灌木成活率及草坪覆盖率应不低于95%。

（6）园林绿化工程施工的检验批、分项工程、分部（子分部）工程的质量验收记录应符合《园林绿化工程施工及验收规范》(CJJ 82—2012）附录C的规定。

（7）园林绿化单位（子单位）工程质量竣工验收报告应符合《园林绿化工程施工及验收规范》(CJJ 82—2012）附录D的规定。

（8）当园林绿化工程质量不符合要求时，应按下列规定进行处理：

1）经返工或整改处理的检验批应重新进行验收。

2）经有资质的检测单位检测鉴定能够达到设计要求的检验批，应予以验收。

3）经有资质的检测单位检测鉴定达不到设计要求，但经原设计单位和监理单位认可能够满足植物生长要求、安全和使用功能的检验批，可予以验收。

4）经返工或整改处理的分项、分部工程，虽然降低质量或改变外观尺寸但仍能满足安全使用、基本的观赏要求并能保证植物成活，可按技术处理方案和协商文件进行验收。

（9）通过返修或整改处理仍不能保证植物成活、基本的观赏和安全要求的分部工程、单位（子单位）工程，严禁验收。

6.6.3　质量验收的程序和组织

（1）检验批和分项工程的验收，应符合下列规定：

1）施工单位首先应对检验批和分项工程进行自检。自检合格后填写检验批和分项工程的质量验收记录，施工单位项目机构专业质量检验员和项目专业技术负责人应分别在验收记录相关栏目签字后向监理单位或建设单位报验。

2）监理工程师组织施工单位专业质检员和项目专业技术负责人共同按规范规定进行验收并填写验收结果。

（2）分部（子分部）工程的验收，应符合下列规定：

1）分部（子分部）工程验收应在各检验批和所有分项工程验收完成后进行验收；应在施工单位项目专业技术负责人签字后，向监理单位或建设单位进行报验。

2）总监理工程师（建设单位项目负责人）应组织施工单位项目负责人和项

目技术、质量负责人及有关人员进行验收。

3）勘察、设计单位项目负责人，应参加园林建（构）筑物的地基基础、主体结构工程分部（子分部）工程验收。

（3）单位工程的验收，应在分部工程验收完成后，施工单位依据质量标准、设计文件等组织有关人员进行自检、评定，并确认下列要求：

1）已完成工程设计文件和合同约定的各项内容。

2）工程使用的主要材料、构（配）件和设备有进场试验报告。

3）工程施工质量符合规范规定。分项、分部工程检查评定合格符合要求后，施工单位向监理单位或建设单位提交工程质量竣工验收报告和完整质量资料，由监理单位或建设单位组织预验收。

（4）单位工程竣工验收，应由建设单位负责人或项目负责人组织设计、施工单位负责人或项目负责人及施工单位的技术、质量负责人和监理单位总监理工程师参加验收，有质量监督要求的，应请质量监督部门参加，并形成验收文件。

（5）单位工程由分包单位施工时，分包单位对所承包的工程项目，应按《园林绿化工程施工及验收规范》（CJJ 82—2012）规定的程序验收，总包单位派人参加。分包工程完成后，应将有关资料交总包单位。

（6）在一个单位工程中，其中子单位工程已经完工，且满足生产要求或具备使用条件，施工单位、监理单位已经预验收合格，对该子单位工程，建设单位可组织验收；由几个施工单位负责施工的单位工程，其中的施工单位负责的子单位工程已按设计文件完成并自检及监理预验收合格，也可按规定程序组织验收。

（7）当参加验收各方对工程质量验收意见不一致时，可请当地园林绿化工程建设行政主管部门或园林绿化工程质量监督机构协调处理。

（8）单位工程验收合格后，建设单位应在规定时间内将工程竣工验收报告和有关文件，报园林绿化行政主管部门备案。

7 后期养护阶段要求

7.1 植物养护一般规定

7.1.1 植物养护中包括的植物类型应分为含古树名木的树木、花卉、草坪、地被植物、水生植物、竹类。

7.1.2 各植物类型在养护中涉及的技术措施应包括整形修剪、灌溉与排水、施肥、有害生物防治、松土除草、改植与补植、植物防护。

7.1.3 古树名木的养护应符合现行国家标准《城市古树名木养护和复壮工程技术规范》（GB/T 51168）的有关规定。

7.2 树木

7.2.1 树木修剪应符合下列规定：

（1）应根据树木生物学特性、生长阶段、生态习性、景观功能要求及栽培地区气候特点，选择相应的时期和方法进行修剪。

（2）修剪树木前应制定修剪技术方案，包括修剪时间、人员安排、岗前培训、工具准备、施工进度、枝条处理、现场安全等，做到因地制宜，因树修剪，因时修剪。

（3）应遵照先整理、后修剪的程序进行。应先剪除无须保留的枯死枝、徒长枝，再按照由主枝的基部自内向外并逐渐向上的顺序进行其他枝条的修剪。

（4）剪、锯口应平滑，留芽方位正确，切口应在切口芽的反侧呈45°倾斜；直径超过0.04m的剪锯口应先从下往上进行修剪，并应及时保护处理。

（5）修剪工具应定期维护并消毒。

7.2.2 树木应按照乔木类、灌木类、绿篱及色带和藤木类划分，各类树木的修剪方法各不相同。

7.2.3 乔木类修剪应符合下列规定：

（1）乔木修剪应主要修除徒长枝、病虫枝、交叉枝、并生枝、下垂枝、扭伤枝及枯枝和残枝。

（2）树林应修剪主干下部侧生枝，逐步提高分枝点。相同树种分枝点的高度应一致，林缘树分枝点应低于林内树木。

（3）主干明显的树种，应注意保护中央主枝，原中央主枝受损时应及时更新培养；无明显主干的树种，应注意调配各级分枝端正树形，同时修剪内膛细弱枝、枯死枝、病虫枝，达到通风透光的效果。

(4) 孤植树应以疏剪过密枝和短截过长枝为主，造型树应按预定的形状逐年进行整形修剪。

(5) 行道树的修剪除应按以上要求或特殊景观设计要求操作外，还应符合下列规定：

1) 同一路段的同一品种的行道树树型和分枝点高度应保持一致。

2) 树冠下缘线的高度应保持一致，且不影响车辆、行人通行。道路两侧的树冠边缘线应基本在一条直线上。

3) 路灯、交通信号灯、架空线、变压设备等附近的枝叶应保留出安全距离，并应符合现行行业标准《城市道路绿化规划与设计规范》(CJJ 75) 的有关规定。

7.2.4 灌木类修剪应符合下列规定：

(1) 单株灌木，应保持内高外低、自然丰满形态；单一树种灌木丛，应保持内高外低或前低后高形态；多品种的灌木丛，应突出主栽品种并留出生长空间；造型的灌木丛，应使外形轮廓清晰，外缘枝叶紧密。

(2) 短截突出灌木丛外的徒长枝，应使灌丛保持整齐均衡。下垂细弱枝及地表萌生的地藤应及时疏除；灌木内膛小枝应疏剪，强壮枝应进行短截。

(3) 花落后形成的残花、残果，当无观赏价值或其他需要时，宜尽早剪除。

(4) 花灌木修剪除应按以上要求或景观设计要求操作外，还应根据开花习性进行修剪，并注意保护和培养开花枝条，具体修剪方法应符合下列规定：

1) 当年生枝条开花灌木，休眠期修剪时，对生长健壮花芽饱满枝条应长留长放，花后短截，促发新枝；1 年数次开花灌木，花落后应在残花下枝条健壮处短截，促使再次开花。

2) 二年生枝条开花的灌木，休眠期应根据花芽生长位置进行整形修剪，保留观赏所需花枝和花芽，生长季应在花落后 10～15d 根据枝条健壮程度并选好留芽方向和位置将已开花枝条进行中度或重度短截，疏剪过密枝。

3) 多年生枝条开花灌木，修剪应培育新枝和保护老枝，剪除干扰树形并影响通风透光的过密枝、弱枝、枯枝或病虫枝。

(5) 栽植多年的丛生灌木应逐年更新衰老枝，疏剪内膛密生枝，培育新枝。栽植多年的有主干的灌木，每年应交替回缩主枝主干，控制树冠。

7.2.5 绿篱及色带修剪应符合下列规定：

(1) 绿篱及色带的修剪应轮廓清晰，线条流畅，基部丰满，高度一致，侧面平齐。

(2) 道路交叉口及分车绿化带中的绿篱的修剪高度应符合现行行业标准《城市道路绿化规划与设计规范》(CJJ 75) 的有关规定。

(3) 生长旺盛的植物，整形修剪每年不应少于 4 次；生长缓慢的植物，整形修剪每年不应少于 3 次。

(4) 绿篱及色带在符合安全要求高度的前提下，每次修剪高度较前一次应有所提高；当绿篱及色带修剪控制高度难以满足要求时，应进行回缩修剪。

(5) 修剪后残留绿篱和地面的枝叶应及时清除。

7.2.6　藤木类修剪应符合下列规定：

(1) 攀缘棚架上的藤木，种植后应进行重剪，每株促发几条健壮主蔓；及时牵引，疏剪过密枝、病弱衰老枝、干枯枝，使枝条均匀分布架面；有光脚或中空现象时，应采用局部重剪、曲枝蔓诱引措施来弥补空缺。

(2) 匍匐于地面的藤木应视情况定期翻蔓，清除枯枝，疏除老弱藤蔓。

(3) 钩刺类藤木，可按灌木修剪方法疏枝，生长势衰弱时，应及时回缩修剪、复壮。

(4) 观花藤木应根据开花习性修剪，并应注意保护和培养开花枝条。

7.2.7　树木修剪应安全作业，并应符合下列规定：

(1) 作业机械应保养完好，运行正常；修剪工具应坚固耐用。

(2) 树上作业应选择无风或风力较小且无雨雪天气进行，四级及以上大风不得进行作业。

(3) 作业时应按要求在作业区设置警示标志。当占用道路修剪时应办理行政许可；树上修剪人员、地面防护、枝叶清理人员防护用品应符合安全要求。

(4) 树上作业应对修剪人员进行岗前培训，应一人一树修剪，不得在两株或多株树体间攀爬，截除大枝应有人员指挥操作。

(5) 在高压线附近作业，应请供电部门配合，并应符合安全距离要求，避免触电。

(6) 高空机械作业车修剪时，应符合高空作业相关要求。

7.2.8　树木灌溉与排水的原则、方法、时期应符合下列规定：

(1) 应根据树木栽培地区气候特点、土壤性质、植株需水等情况，进行灌水和排涝。

(2) 灌溉水量应以使土壤根系保持植物无萎蔫现象的含水量为标准。

(3) 灌溉用水水质应满足树木生长发育需求，不得使用含有融雪剂的积雪和含有洗涤液的冲洗液补充土壤水分。

(4) 宜采用节水灌溉设备和措施，并应根据季节与气温调整灌溉量与灌溉时间。

(5) 应经常检查喷灌或滴灌系统，确保运转正常。喷灌喷水的有效范围应与园林植物的种植范围一致，并应协调好游人、行人关系，定时开关，专人看管。

(6) 采用喷淋方法淋水，不得冲倒、冲歪植株及冲出树根。乔灌木淋水前宜给树体洗尘。

(7) 用水车浇灌树木时，应接软管，进行缓流浇灌，保证一次浇足浇透，不得使用高压冲灌。道路绿地浇灌不宜在交通高峰期进行。

（8）一天中灌溉的时间应根据季节与气温决定。夏秋高温季节，不宜在晴天的中午喷灌或洒灌，宜在12：00之前或16：00之后避开高温时段进行；冬季气温较低，需灌溉时，宜在9：00之后或16：00之前进行，并应防止结冰影响行人通行。

（9）夏季干燥时，易受日灼的树种应进行叶面和枝干喷雾，必要时可对部分树种进行疏果、疏叶处理，降低蒸腾作用。

（10）除地下穴外，浇水树堰高度不应低于0.1m；树堰直径，有铺装地块的以预留池为准，无铺装地块的，乔木应以不小于树干胸径10倍，或树冠垂直投影的1/2且不小于0.8m为准。树堰应紧实、不跑水、不漏水。树堰内宜选择环保性覆盖物掩盖裸露土地。

（11）暴雨后应及时排除树木根部周围的积水。可采用开沟、埋管、打孔等排水措施及时对绿地和树池排涝。

（12）冬季寒冷地区，应适时浇灌返青水和封冻水，并浇足浇透。

7.2.9 树木施肥的原则、方法、时期应符合下列规定：

（1）应根据树木生长需要和土壤肥力情况进行施肥。

（2）每年宜施肥至少1次，春秋两季宜为重点施肥时期。观花木本植物应分别在花芽分化前和花后各施肥一次。

（3）应使用卫生、环保、长效的肥料，以有机肥料为主，无机肥料为辅；不宜长期在同一地块施用同一种肥料。

（4）应根据树木种类采用沟施、撒施、穴施、孔施或叶面喷施等施肥方式。沟施、穴施均应少伤地表根，施肥后应进行一次灌溉。撒施应避免将肥料撒到叶片上。叶面喷肥宜在上午10：00之前或傍晚进行。

（5）应根据肥料种类、施肥方式等确定施肥用量。

7.2.10 树木有害生物防治的原则、方法应符合下列规定：

（1）应按照“预防为主，科学防控，依法治理，促进健康”的原则，做到安全、经济、及时、有效。

（2）宜采用生物防治手段，保护和利用天敌，推广生物农药。

（3）应及时有效地采取物理防治手段，并及时剪除病虫枝。

（4）采用化学防治时，应选择符合环保要求及对有益生物影响小的农药，宜不同药剂交替使用。

（5）应及时对因干旱、水涝、冷冻、高温、飓风、缺肥等所致生理性病害进行防治。

（6）应按照农药操作规程进行作业，喷洒药剂时应避开人流活动高峰期或在傍晚无风的天气进行。

（7）采用化学农药喷施，应设置安全警示标志，果蔬类喷施农药后应挂警示牌。

（8）不得使用国家明令禁止的农药进行有害生物防治。

（9）应严格管控国家颁布的林木病虫害检疫对象。

7.2.11 树木松土除草的原则、时期、方法应符合下列规定：

（1）园林植物生长期，应经常进行松土，使表层种植土壤保持疏松，使其具有良好的透水、透气性。

（2）松土应在天气晴朗且土壤不过分潮湿时进行，雨后不宜立即进行。

（3）除杂草宜结合松土进行，也可采用手工拔除等方法进行。

（4）除杂草应在杂草开花结实前进行，同时不得使目的植物的根系受到伤害或裸露。

（5）使用化学除草剂前，宜进行小面积试验再全面使用。应根据所栽培的目的园林植物和杂草种类的不同，确定药剂种类、浓度及施用方法。药剂不得喷洒到园林植物的叶片和嫩枝上。

7.2.12 树木的改植与补植应符合下列规定：

（1）发生以下情况时可进行改植或补植：

1）因植株过密而必须移植；

2）对人、构筑物或电力等其他设施构成危险的植株的移除；

3）自然死亡树木的去除或补植；

4）对生长环境不适或与周围环境不协调树木的去除与改植；

5）在自然灾害或意外事故发生后及时进行清理、扶正或补植处理。

（2）补植时，宜选用与原有种类一致，规格、树形相近的树木。应根据植物的生态习性以及季节特点，安排改植、补植时间。

7.2.13 树木的防护应符合下列规定：

（1）汛期或台风来临前应对浅根性、树冠庞大、枝叶过密等抗风能力弱的乔木进行加固或修剪，对易积水的绿地及时采取防涝措施。

（2）应加强对行道树的日常巡护，及时对出现倒伏、歪斜的树木进行扶正。

（3）寒冷天气，应对易受低温侵害的植物采取搭设风障、主干涂白、裹纸或无纺布加绕草绳、根基部培设土堆等防寒措施。降雪地区主要路段可结合防寒设置围挡。降雪量较大时，应及时清除针叶树和树冠浓密的乔木、灌木上的大量积雪。

（4）高温天气，易受高温危害的树木应避免太阳直射，采取遮阴、缠草绳、喷雾等措施，降低温度预防日灼。

（5）应及时清除对树木有害的寄生植物。

（6）树体上的孔洞应根据大小、类型等，分类采用引流、碳化、封堵等多种处理方式，封堵填充材料的表面色彩、形状及质感宜与树干相近。

7.3 花卉

7.3.1 花卉修剪的方法应符合下列规定：

（1）一、二年生花卉应根据分枝特性摘心。观花植株应摘除过早形成的花蕾或过多的侧蕾。叶片过密影响开花结果时应摘去部分老叶和过密叶。花谢后应去除残花和枯叶。

（2）球根花卉、宿根花卉应根据生长习性和用途进行摘心、除芽。休眠期应剪除残留的枯枝、枯叶。

（3）修剪不宜在雨后立即进行。

（4）修剪工具应消毒。

7.3.2 花卉灌溉与排水应符合下列规定：

（1）灌溉原则、灌水水质和灌溉方式应符合本书第7.2.8条的规定。

（2）浇水应避免冲刷花朵。

（3）浅根性花卉浇水时应避免冲刷植物根系。

（4）应维护排水设施的完好，并注意及时排涝。

（5）夏季气候干燥炎热时应及时浇水；冬季寒冷地区的宿根花卉应注重返青水和封冻水的浇灌时期和灌水量。

7.3.3 花卉施肥应符合下列规定：

（1）应根据不同花卉植物种类（品种）的生长期和开花期进行追肥。每个生长周期内不应少于2次追肥。

（2）追肥宜采用缓释性的长效肥料。也可进行叶面追肥。

（3）其他施肥方式、方法应符合本书第7.2.9条的规定。

7.3.4 花卉的补植应在生长季进行，及时清理死株，并应按原品种、花色、规格补植。一、二年生花卉花谢后失去观赏价值的应进行更换，补植时密度应符合设计要求。

7.3.5 花卉有害生物防治应符合本书第7.2.10条的规定。

7.3.6 冬季寒冷地区，草本花卉可用覆盖塑料薄膜、培土等方式进行防护。

7.4 草坪

7.4.1 草坪的修剪应符合下列规定：

（1）修剪时，剪掉的部分不应超过叶片自然高度的1/3。

（2）修剪次数应根据草坪草的种类、养护质量要求、气候条件、土壤肥力及生长状况确定，进行不定期修剪。

（3）修剪前草坪草应保持干爽，阴雨天、病害流行期不宜修剪；修剪前应清除草坪上的石砾、树枝等杂物，以消除隐患。修剪工作应避免在正午阳光直射时进行。

（4）修剪前宜对刀片进行消毒，并应保证刀片锋利，防止撕裂茎叶。

（5）修剪后应及时对修剪草坪进行一次杀菌防病虫害处理。

（6）同一草坪，不应多次在同一行列、同一方向修剪。

（7）修剪下的草屑应进行清理。

（8）草坪不得延伸到其他植物带内。切草边作业，边线应整齐或圆滑，与植物带距离不应大于0.15m。

7.4.2 草坪灌溉与排水应符合下列规定：

（1）灌溉原则、灌水水质和灌溉方式应符合本书第7.2.8条的规定。

（2）高温干旱季节应每隔5～7d避开高温时段浇透水，湿润根部应达0.10～0.15m。其他季节应根据栽植土壤保水性能进行浇灌，保持土壤根部湿润。

7.4.3 草坪施肥应根据草坪草种类、生长状况和土壤状况确定施肥时间、肥料种类和施肥量。应少量多次，宜施缓效肥，并应符合下列规定：

（1）宜在修剪3～5d后进行，施肥应均匀，施后应灌水。

（2）每年在生长季节应根据生长情况重点施肥，可进行根外追肥。秋季施肥应含磷、钾肥，促进根系生长，提高抗逆能力。

7.4.4 对损坏或死亡部分的补植应选用与原种类相同的草种。

7.4.5 年生以上草坪应根据生长状况打孔，清除打出的芯土、草根并撒入营养土或沙粒；开放型草坪应根据人为干扰的程度实施轮流封闭休养恢复，保持正常长势。

7.4.6 草坪有害生物防治的原则、方法应符合本书第7.2.10条的规定。

7.4.7 杂草应进行清除，保持草坪纯度。化学除草应经小面积试验后方可大面积应用。手工拔草或锄草应将杂草连根清除，并压平目的草。杂草过多又无法除去或草坪已不适应环境时，应及时更新或重建。

7.4.8 使用剪草机（车）、割灌机、打孔机等机械时，应对操作人员进行岗前培训。大型机械使用过程中，应对施工现场进行围合、警示。

7.5 地被植物

7.5.1 地被植物应包括多年生低矮草本植物及适应性较强的低矮、匍匐型的灌木和藤本植物。

7.5.2 地被植物的修剪应符合本书第7.2.4条和第7.2.6条的要求。其他养护技术措施应符合本书第7.3节和第7.4节的要求。

7.5.3 蔓生性较强的地被，修剪应保持整体整齐或有规律变化，使枝蔓不侵占周边植物生长空间。

7.6 水生植物

7.6.1 水生植物修剪应符合下列规定：

（1）生长期阶段应清除水面以上的枯黄部分，应控制水生植物的景观范围，清理超出范围的植株及叶片。

（2）同一水池中混合栽植的，应保持主栽种优势，控制繁殖过快的种类。

7.6.2 水生植物应根据植物种类及时灌水、排水，保持正常水位。

7.6.3 浮叶类水生植物应控制水生植物面积与水体面积比例，其覆盖水体的面积不得超过水体总面积的1/3。

7.6.4 水生植物施肥应符合下列规定：

（1）基肥应以有机肥为主，点状埋施于根系周围淤泥中。追肥应以复合肥为主。叶面施肥可使用化学肥料。

（2）盆栽水生植物可在冬季拿出水面并应进行防寒保护，开春前可补施一次基肥，应在新叶长出后移入水中。

（3）观花水生植物，每年至少应追肥1次，点状埋施于根系周围淤泥中。

7.6.5 水生植物有害生物防治应符合下列规定：

（1）有害生物防治的原则、方法应当符合本书第7.2.10条的规定。

（2）应选用对水生生物和水质影响小的药剂，水源保护区内不得使用农药。

7.6.6 易被水中生物破坏的水生植物，宜在栽植区设置围网。

7.7 竹类

7.7.1 竹类的间伐修剪应符合下列规定：

（1）应按照去老留幼、去弱留强的原则，根据生长状况和景观要求，于晚秋或早春进行合理间伐或间移。

（2）笋期阶段应及时去除弱笋和超出景观范围的植株。

（3）应将衰弱、已死亡和已开花的竹蔸挖除，挖除后的空隙应及时用富含有机质的熟土填充。应及时清除枯死竹竿和枝条，砍除病竹和倒伏竹。

（4）降雪和台风活动频繁地区，过密竹林宜钩梢。

7.7.2 竹类灌溉与排水应符合下列规定：

（1）新植竹2年内应按时浇水、排涝，浇灌时应浇足浇透。

（2）成林竹应浇足返青水、催笋水、拔节水和孕笋水。雨后应及时排涝，过于干旱时应进行喷水。

7.7.3 竹类施肥应符合下列规定：

（1）新植竹宜在每年的3月上中旬、5月中旬—6月上旬各追肥一次，11月中下旬施基肥一次。

（2）成林竹宜在每年的4—6月份施肥1～2次，肥料应以有机肥为主。

（3）施肥方式、方法应符合本书第7.2.9条的规定。

7.7.4 竹类有害生物防治应符合下列规定：

（1）有害生物防治的原则、方法应符合本书第7.2.10条的规定。

（2）应以控制蟠类、蚜虫等为主，经常检查，掌握虫情发生规律，及时防治。

（3）竹林应加强抚育管理，保留使竹林通风透光、生长健壮的密度。

7.8 植物种植调整

7.8.1 绿地内植物栽植超过一定年限，存在植物长势衰弱、植株过密、种植结构不合理、与设计效果严重不符等情况，应进行调整。

7.8.2 调整方案应充分考虑立地条件，根据绿地的不同特点和功能，选择以乡土植物为核心的多样性植物种类，遵从生态位原则，营造适宜的植物群落。

7.9 绿地清理与保洁

7.9.1 绿地应保持清洁，并整理、清除影响景观的杂物、干枯枝叶、树挂、乱涂乱画、乱拴乱挂、乱停乱放、乱搭乱建等。

7.9.2 收集的垃圾杂物和枯枝落叶应及时清运，不得随意焚烧。

7.9.3 各种与绿地无关的张贴物或设施应及时清除。

7.10 附属设施管理

7.10.1 对园林绿地中的建筑及构筑物的管理应符合下列规定：

(1) 应保持外观整洁，构件和各项设施完好无损。

(2) 室内陈设应合理，并保持清洁、完好。

(3) 应保持厕所地面干燥，定期消毒，其环境卫生要求应符合现行国家标准《公共厕所卫生规范》(GB/T 17217) 的有关规定。

(4) 应消除结构、装修和设施的安全隐患。

7.10.2 道路和铺装广场的管理应符合下列规定：

(1) 铺装面、侧石、台阶、斜坡等应保持平整无凹凸，无积水。

(2) 应保持铺装面清洁、防滑，无障碍设施完好。

(3) 损坏部分应消除安全隐患，及时修补。

7.10.3 假山、叠石的管理应符合下列规定：

(1) 假山、叠石应保证完整、稳固、安全。不适于攀爬的叠石应配备醒目提示标识和防护设备。假山结构和主峰稳定性应符合抗风、抗震要求。

(2) 假山四周及石缝不得有影响安全和景观的杂草、杂物。

(3) 假山、叠石的放置与园林植物的配置应协调、相辅相成，保证景观效果。

7.10.4 娱乐、健身设施应明确操作规程，使用与管理要求应符合现行国家标准《大型游乐设施安全规范》(GB 8408) 的有关规定。

7.10.5 给水排水设施的管理应符合下列规定：

(1) 应保持管道畅通，无污染。

(2) 外露的检查井、进水口、给水口、喷灌等设施应随时保持清洁、完整无损，寒冷地区冬季应采取防冻裂保护措施。

（3）防汛、消防、防火、应急避险等设备应保持完好，满足功能要求。

7.10.6 输配电、照明的管理应符合下列规定：

（1）应定期检测，并保持运转正常。

（2）照明设施应保持清洁、有足够照度，无带电裸露部位。

（3）各类管线设施应保持完整、安全。

（4）太阳能设施应确保完好无损，运行正常。

（5）应确保安全警示标志位于明显位置。

7.10.7 园凳、园椅的管理应符合下列规定：

（1）应保持园凳、园椅的外观整洁美观，坐靠舒适、稳固，无损坏。

（2）维修、油漆未干时，应设置醒目的警示标志。

7.10.8 垃圾箱外观应保持整洁完整，无污垢陈渍；箱内应无沉积垃圾、无异味、无蚊蝇滋生。

7.10.9 标识牌应保持外观整洁，构件完整，指示清晰明显，对破损的标识牌应及时修补或更换。

7.10.10 绿地防护设施（护栏）、无障碍设施、树木支撑、树穴盖板、花箱（花钵）等设施应确保外观整洁，完好无损。

7.10.11 雨水收集设施应保持外观整洁，设施通畅，完好无损，运行正常。

7.10.12 广播及监控设施应保持外观整洁，设施完好无损，运行正常。

7.11 景观水体管理

7.11.1 再生水作为景观环境用水时，其水质应符合现行国家标准《城市污水再生利用 景观环境用水水质》（GB/T 18921）的有关规定。

7.11.2 景观水体应保持水面清洁，水位正常。

7.11.3 驳岸、池壁应确保安全稳固，无缺损，整洁美观。

7.11.4 安全提示应确保标志明显，位置合理。

7.11.5 水景设施及水系循环、动力及排灌设施应保持完好，运行正常。

7.12 技术档案

7.12.1 档案管理应符合下列规定：

（1）绿地管理单位应制定年度、月度管理计划，并及时收集相关资料，建立完整的技术档案。

（2）技术档案应每年整理装订成册，编好目录，分类归档。

7.12.2 技术档案应包括下列内容：

（1）绿地建设历史、基本情况，包括绿地面积，植物种类、规格、数量，植物补植、破坏情况，土壤主要理化性状、绿地设计施工图、竣工图等。

（2）绿地养护过程的动态情况，包括有害生物现状、植物生长状况评价、设施种类、数量及状况、养护工程的移交、苗木的移植、工程改造等。

（3）各项养护管理技术措施、日常养护日志、养护管理过程中的重大事件及其处理结果。

（4）应用新技术、新工艺和新成果的单项技术资料。

7.13　安全保护

7.13.1　绿地应定期进行专项巡视，内容应包括绿地内植物生长状况及景观效果、绿地卫生、附属设施、抗震减灾设施、应急避难场所及安全隐患等，及时处理并记录所发现问题。绿地应按需配备安保人员。

7.13.2　暴风雨、暴雪等来临前，应检查树木绑扎、立桩情况，设置支撑，保持稳固。大雪大风后应及时检查苗木的损伤情况，清除倒伏苗木及存在安全隐患的树枝。

7.13.3　高温暑热、低温寒冷等极端天气，应对植物、附属设施等做好防护措施。防护情况应及时检查，发现问题应及时补救。

7.13.4　公园、广场人流量大的地方宜安装监控设施。

附　　录

附表A　树木养护质量等级

序号	项目	质量要求		
		一级	二级	三级
1	整体效果	（1）树林、树丛群落结构合理，植株疏密得当，层次分明，林冠线和林缘线清晰饱满； （2）孤植树树形完美、树冠饱满； （3）行道树树冠完整，规格整齐、一致，分枝点高度一致，缺株＜3%，树干挺直； （4）绿篱无缺株；修剪面平整饱满，直线处平直，曲线处弧度圆润	（1）树林、树丛群落结构基本合理，林冠线和林缘线基本完整； （2）孤植树树形基本完美，树冠基本饱满； （3）行道树树冠基本完整，规格基本整齐、无死树，缺株≤5%，树干基本挺直； （4）绿篱基本无缺株，修剪面平整饱满，直线处平直，曲线处弧度圆润	（1）树林、树丛具有基本完整的外貌，有一定的群落结构； （2）孤植树树形基本完美，树冠基本饱满； （3）行道树无死树，缺株≤8%，树冠基本统一，树干基本挺直； （4）绿篱基本无缺株，修剪面平整饱满，直线处平直，曲线处弧度圆润
2	生长势	枝叶生长茂盛，观花、观果树种正常开花结果；彩色树种季相特征明显，无枯枝	枝叶生长正常，观花、观果树种正常开花结果，无明显枯枝	植株生长量和色泽基本正常；观花、观果树种基本正常开花结果，无大型枯枝
3	排灌	（1）暴雨后0.5d内无积水； （2）植株未出现失水萎蔫和沥涝现象	（1）暴雨后0.5d内无积水； （2）植株基本无失水萎蔫和沥涝现象	（1）暴雨后1d内无积水； （2）植株失水或积水现象1～2d内消除
4	病虫害情况	（1）基本无有害生物危害状； （2）整体枝叶受害率≤8%，树干受害率≤5%	（1）无明显的有害生物危害状； （2）整体枝叶受害率≤10%，树干受害率≤8%	（1）无严重有害生物危害状； （2）整体枝叶受害率≤15%，树干受害率≤10%
5	补植完成时间	≤3d	≤7d	≤20d

附表B　花卉养护质量等级

序号	项目	质量要求		
		一级	二级	三级
1	整体效果	（1）缺株倒伏的花苗≤3%； （2）基本无枯叶、残花	（1）缺株倒伏的花苗≤7%； （2）枯叶、残花量≤5%	（1）缺株倒伏的花苗≤10%； （2）枯叶、残花量≤8%
2	生长势	（1）植株生长健壮； （2）茎干粗壮，基部分枝强健，蓬径饱满； （3）花型美观，花色鲜艳，株高一致	（1）植株生长基本健壮； （2）茎干粗壮，基部分枝强健，蓬径基本饱满； （3）株高一致	（1）植株生长基本健壮； （2）茎干粗壮，基部分枝强健，蓬径基本饱满； （3）株高基本一致
3	排灌	（1）暴雨后0.5d内无积水； （2）植株未出现失水萎蔫现象	（1）暴雨后0.5d内无积水； （2）植株基本无失水萎蔫现象	（1）暴雨后0.5d内无积水； （2）植株无明显失水萎蔫现象
4	病虫害情况	（1）基本无有害生物危害状； （2）植株受害率≤5%	（1）无明显有害生物危害状； （2）植株受害率≤8%	（1）无严重有害生物危害状； （2）植株受害率≤10%
5	杂草覆盖率	≤2%	≤5%	≤10%
6	补植完成时间	≤3%	≤7d	≤10d

附表C 草坪养护质量等级

序号	项目	质量要求		
		一级	二级	三级
1	整体效果	（1）成坪高度应符合现行国家标准《主要花卉产品等级 第7部分：草坪》（GB/T 18247.7）中开放型绿地草坪一级标准的要求； （2）修剪后无残留草屑，剪口无焦枯、撕裂现象	（1）成坪高度应符合现行国家标准《主要花卉产品等级 第7部分：草坪》（GB/T 18247.7）中开放型绿地草坪二级标准的要求； （2）修剪后基本无残留草屑，剪口基本无撕裂现象	（1）成坪高度应符合现行国家标准《主要花卉产品等级 第7部分：草坪》（GB/T 18247.7）中开放型绿地草坪三级标准的要求； （2）修剪后无明显残留草屑，剪口无明显撕裂现象
2	生长势	生长茂盛	生长良好	生长基本正常
3	排灌	（1）暴雨后0.5d内无积水； （2）草坪无失水萎蔫现象	（1）暴雨后0.5d内无积水； （2）草坪基本无失水萎蔫现象	（1）暴雨后1d内无积水； （2）草坪无明显失水萎蔫现象
4	病虫害情况	（1）草坪草受害度应符合现行国家标准《主要花卉产品等级 第7部分：草坪》（GB/T 18247.7）中开放型绿地草坪一级标准的要求； （2）杂草率应符合现行国家标准《主要花卉产品等级 第7部分：草坪》（GB/T 18247.7）中开放型绿地草坪一级标准的要求	（1）草坪草受害度应符合现行国家标准《主要花卉产品等级 第7部分：草坪》（GB/T 18247.7）中开放型绿地草坪二级标准的要求； （2）杂草率应符合现行国家标准《主要花卉产品等级 第7部分：草坪》（GB/T 18247.7）中开放型绿地草坪二级标准的要求	（1）草坪草受害度应符合现行国家标准《主要花卉产品等级 第7部分：草坪》（GB/T 18247.7）中开放型绿地草坪三级标准的要求； （2）杂草率应符合现行国家标准《主要花卉产品等级 第7部分：草坪》（GB/T 18247.7）中开放型绿地草坪三级标准的要求
5	覆盖度	应符合现行国家标准《主要花卉产品等级 第7部分：草坪》（GB/T 18247.7）中开放型绿地草坪一级标准的要求	应符合现行国家标准《主要花卉产品等级 第7部分：草坪》（GB/T 18247.7）中开放型绿地草坪二级标准的要求	应符合现行国家标准《主要花卉产品等级 第7部分：草坪》（GB/T 18247.7）中开放型绿地草坪三级标准的要求
6	补植完成时间	≤3d	≤7d	≤20d

附表D　地被养护质量等级

序号	项目	质量要求		
		一级	二级	三级
1	整体效果	（1）植株规格一致； （2）无死株，群体景观效果好	（1）植株规格基本一致； （2）基本无死株，群体景观效果较好	群体景观效果较好
2	生长势	生长茂盛	生长良好	生长基本正常
3	排灌	（1）木本地被暴雨后0.5d内无积水，草本地被雨后1h无积水； （2）植株无失水萎蔫现象	（1）木本地被暴雨后0.5d内无积水；草本地被雨后4h无积水； （2）植株基本无失水萎蔫现象	（1）木本地被暴雨后1d内无积水；草本地被雨后6h无积水； （2）植株无明显失水萎蔫现象
4	病虫害情况	（1）基本无有害生物危害状； （2）受害率≤10%； （3）无影响景观杂草	（1）无明显有害生物危害状； （2）受害率≤15%； （3）基本无影响景观杂草	（1）无严重有害生物危害状； （2）受害率≤20%； （3）无明显影响景观杂草
5	覆盖率	≥95%	≥90%	≥85%
6	补植完成时间	≤3d	≤7d	≤20d

附表E　水生植物养护质量等级

序号	项目	质量要求		
		一级	二级	三级
1	整体效果	景观效果美观，无残花败叶漂浮	景观效果明显，基本无残花败叶漂浮	景观效果明显
2	生长势	（1）植株生长健壮； （2）叶色正常；观花、观果植株正常开花结果； （3）枯死植株≤5%	（1）植株生长良好； （2）叶色正常；观花、观果植株常开花结果； （3）枯死植株≤10%	（1）植株生长基本正常； （2）观花、观果植株正常开花结果； （3）枯死植株≤15%
3	排灌	暴雨后1d内恢复常水位	暴雨后1d内恢复常水位	暴雨后2d内恢复常水位
4	病虫害情况	基本无有害生物危害状，无杂草	无明显有害生物危害状，无杂草	无严重有害生物危害状
5	覆盖率	≥95%	≥90%	≥85%
6	补植完成时间	≤3d	≤7d	≤10d

附表F　竹类养护质量等级

序号	项目	质量要求		
		一级	二级	三级
1	整体效果	（1）死竹、枯竹、破损竹＜3%； （2）有完整的林相	（1）死竹、枯竹、破损竹≤7%； （2）有完整的林相	（1）死竹、枯竹、破损竹≤10%； （2）林相基本完整
2	生长势	（1）竹丛通风透光，植株生长健壮； （2）新、老竹生长比例适当； （3）竹鞭无裸露	（1）竹丛通风透光，植株生长良好； （2）新、老竹生长比例基本适当； （3）竹鞭基本无裸露	（1）植株生长良好； （2）竹鞭无明显裸露
3	排灌	（1）暴雨后0.5d内无积水； （2）植株无失水萎蔫现象	（1）暴雨后0.5d内无积水； （2）植株基本无失水萎蔫现象	（1）暴雨后2d内无积水； （2）植株失水萎蔫现象1～2d内消除
4	病虫害情况	（1）基本无有害生物危害状； （2）竹叶受害率≤8%； （3）竹梢、竹竿受害率≤5%	（1）无明显有害生物危害状； （2）竹叶受害率≤10%； （3）竹梢、竹竿受害率≤8%	（1）无严重有害生物危害状； （2）竹叶受害率≤15%； （3）竹梢、竹竿受害率≤10%
5	补植完成时间	≤3d	≤7d	≤10d

附表G　物料表（模板）

分类	名称	使用材料	选型图片	规格	数量	备注
铺装	入口广场	材质 1			m^2	
		材质 2			m^2	
	主要活动广场	材质 1			m^2	
		材质 2			m^2	
	儿童活动广场	材质 1			m^2	
		材质 2			m^2	
	消防登高面	材质 1			m^2	
		材质 2			m^2	
	车行道	沥青			m^2	
	健身步道	材质 1			m^2	
	园路	材质 1			m^2	
		材质 2			m^2	
		材质 3			m^2	
构筑物	围墙	材质		长×宽×高	m	
	景亭	材质		长×宽×高	个	
	廊架	材质		长×宽×高	个	
	景墙	材质		长×宽×高	个	
	岗亭	材质		长×宽×高	个	
景观小品	雕塑 1（主入口）	材质		长×宽×高	个	
	雕塑 2（宅间）	材质		长×宽×高	个	
	小品 1（宅间）	材质		长×宽×高	个	
	小品 2（××）	材质		长×宽×高	个	
其他细节	道路沿石	材质		长×宽×高	m	
	台阶	材质		长×宽×高	m	
	栏杆	材质		高度	m	
	×××	材质				
户外服务设施	生活垃圾箱	材质		长×宽×高	个	
	果皮箱	材质		长×宽×高	个	
	儿童娱乐设施	材质			个	
	健身器材	材质			个	
	成品座凳	材质		长×宽×高	个	
	特色座凳	材质		长×宽×高	个	
	景观标识 1	材质			个	
	景观标识 2	材质			个	

续表

分类	名称	使用材料	选型图片	规格	数量	备注
室外照明	高杆路灯			高度	个	
	庭院灯			高度	个	
	草坪灯			高度	个	
	水景灯				个	
	条状灯				m	
	埋地筒灯				个	

附表H 铺装材质推荐表

材质	色系		面层处理	样图	推荐规格（mm）	推荐理由
石材	白色系	芝麻白	严禁光面，大面积使用推荐火烧面与荔枝面		100×100 300×300 600×600 600×300 600×200	硬度高、耐磨性好、景观效果最突出
		白麻				
	灰色系	芝麻灰				
		鲁灰				
	黑色系	芝麻黑				
	黄色系	黄锈石				
PC仿石砖	仿芝麻白					景观效果较好且价格较低
	仿芝麻灰					
	仿芝麻黑					
	仿福鼎黑					

续表

材质	色系	面层处理	样图	推荐规格（mm）	推荐理由
烧结砖	米黄色			100×200 120×240	景观效果较好且价格较低
	砖红色		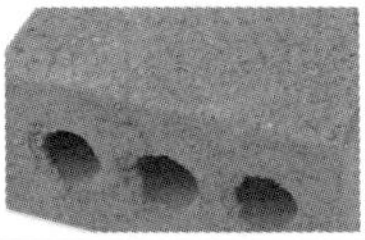		
	灰色				
	棕色				
彩色混凝土	可根据不同风格选择				价格便宜且色彩丰富
EPDM塑胶面层	可根据不同风格选择				价格较贵，但舒适感较好
水洗石	浅黄色		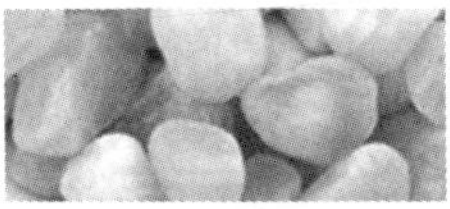		景观效果较好，适合级别较低的园路
	灰色		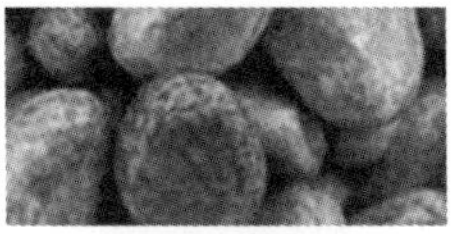		
	红棕色				
	白色				

附表1 山东省黄河两岸居住区苗木推荐表

编号	中文名	规格			数量（株）	备注	使用说明
		胸（地）径	高度	冠幅			
乔木							
1	造型黑松		××	××	××	保留骨架，树形优美	慎用，只点缀在重要位置
2	白皮松		××	××	××	保留骨架，树形优美	推荐常绿乔木
3	雪松		××	××	××	保留骨架，树形优美	推荐常绿乔木
4	白蜡A	××（小）	××	××	××	保留骨架，分支点××	可用作行道树或组团绿地中大乔木
5	白蜡B	××（大）	××	××	××	保留骨架，分支点××	可用作广场树及主景树
6	朴树A（宅间）	××（小）	××	××	××	保留骨架，分支点××	可用作行道树或组团绿地中大乔木
7	朴树B（广场）	××（大）	××	××	××	保留骨架，分支点××	可用作广场树及主景树
8	丛生朴树		××	××	××	××分枝，每分枝杆径××	慎用，只点缀在重要位置
9	银杏A	××（小）	××	××	××	保留骨架，分支点××	可用作行道树或组团绿地中大乔木
10	银杏B	××（大）	××	××	××	保留骨架，分支点××	可用作广场树及主景树
11	柿树	××	××	××	××	保留骨架，分支点××	可用作广场树及主景树
12	苦楝	××	××	××	××	保留骨架，分支点××	可用作行道树或组团绿地中大乔木
13	高杆樱花	××	××	××	××	保留骨架，分支点××	可用作行道树或组团绿地中大乔木
14	国槐A	××（小）	××	××	××	保留骨架，分支点××	可用作行道树或组团绿地中大乔木
15	国槐B	××（大）	××	××	××	保留骨架，分支点××	可用作广场树及主景树
16	垂柳（A）	××（小）	××	××	××	保留骨架，分支点××	可用作行道树或组团绿地中大乔木
17	垂柳（B）	××（大）	××	××	××	保留骨架，分支点××	可用作广场树及主景树
18	山楂	××	××	××	××	保留骨架，分支点××	可用作广场树及主景树
19	旱柳	××	××	××	××	保留骨架，分支点××	可用作行道树或组团绿地中大乔木

续表

编号	中文名	规格			数量（株）	备注	使用说明
		胸（地）径	高度	冠幅			
20	楸树	××	××	××	××	保留骨架，分支点××	可用作行道树或组团绿地中大乔木
21	法国梧桐（A）	××（小）	××	××	××	保留骨架，分支点××	可用作行道树或组团绿地中大乔木
22	法国梧桐（B）	××（大）	××	××	××	保留骨架，分支点××	可用作广场树及主景树
23	五角枫	××	××	××	××	保留骨架，分支点××	价格贵，不建议大面积使用
24	北美海棠	××	××	××	××	保留骨架，分支点××，树形优美	常用花灌木
25	西府海棠	××	××	××	××	保留骨架，分支点××，树形优美	常用花灌木
26	垂丝海棠	××	××	××	××	保留骨架，分支点××，树形优美	常用花灌木
27	红叶碧桃	××	××	××	××	保留骨架，分支点××，树形优美	常用花灌木
28	白花碧桃	××	××	××	××	保留骨架，分支点××，树形优美	常用花灌木
29	紫叶李	××	××	××	××	保留骨架，分支点××，树形优美	常用花灌木
30	紫丁香		××	××	××	××分枝，每分枝杆径××	常用花灌木
31	二乔玉兰	××	××	××	××	保留骨架，分支点××，树形优美	常用花灌木
32	紫荆		××	××	××	××分枝，每分枝杆径××	常用花灌木
33	蜡梅		××	××	××	××分枝，每分枝杆径××	常用花灌木
34	金银木（丛生）		××	××	××	××分枝，每分枝杆径××	常用花灌木
35	暴马丁香	××	××	××	××	保留骨架，分支点××，树形优美	常用花灌木

续表

编号	中文名	规格			数量（株）	备注	使用说明
		胸（地）径	高度	冠幅			
36	山桃	××	××	××	××	保留骨架，分支点××，树形优美	常用花灌木
37	日本晚樱	××	××	××	××	保留骨架，分支点××，树形优美	常用花灌木
38	榆叶梅		××	××	××	××分枝，每分枝杆径××	常用花灌木
39	红枫	××	××	××	××	保留骨架，分支点××，树形优美	慎用，只点缀在重要位置
40	早樱	××	××	××	××	保留骨架，分支点××，树形优美	常用花灌木
41	望春玉兰	××	××	××	××	保留骨架，分支点××，树形优美	常用花灌木
42	白玉兰	××	××	××	××	保留骨架，分支点××，树形优美	常用花灌木
43	紫薇	××	××	××	××	保留骨架，分支点××，树形优美	常用花灌木
44	红瑞木		××	××	××	××分枝，每分枝杆径××	常用花灌木
45	美人梅	××	××	××	××	保留骨架，分支点××，树形优美	常用花灌木
46	花石榴		××	××	××	××分枝，每分枝杆径××	常用花灌木
47	黄栌	××	××	××	××	保留骨架，分支点××，树形优美	常用花灌木
48	高杆紫薇	××	××	××	××	保留骨架，分支点××，树形优美	常用花灌木
49	白丁香		××	××	××	××分枝，每分枝杆径××	常用花灌木
50	鸡爪槭	××	××	××	××	保留骨架，分支点××，树形优美	慎用，只点缀在重要位置
51	大叶黄杨球 A	××（小）	××	××	××	球形完整	常绿球，可丰富层次，不建议大量使用

续表

编号	中文名	规格			数量（株）	备注	使用说明
		胸（地）径	高度	冠幅			
52	大叶黄杨球 B	××（大）	××	××	××	球形完整	常绿球，可丰富层次，不建议大量使用
53	红叶石楠球 A	××（小）	××	××	××	球形完整	常绿球，可丰富层次，不建议大量使用
54	红叶石楠球 B	××（大）	××	××	××	球形完整	常绿球，可丰富层次，不建议大量使用
55	瓜子黄杨球 A	××（小）	××	××	××	球形完整	常绿球，可丰富层次，不建议大量使用
56	瓜子黄杨球 B	××（大）	××	××	××	球形完整	常绿球，可丰富层次，不建议大量使用
57	金叶女贞球	××	××	××	××	球形完整	可丰富层次，不建议大量使用
58	龙柏球 A	××（小）	××	××	××	球形完整	常绿球，可丰富层次，不建议大量使用
59	龙柏球 B	××（大）	××	××	××	球形完整	常绿球，可丰富层次，不建议大量使用
60	小叶女贞球	××	××	××	××	球形完整	可丰富层次，不建议大量使用
61	扶芳藤球	××	××	××	××	球形完整	可丰富层次，不建议大量使用
62	火棘球	××	××	××	××	球形完整	可丰富层次，不建议大量使用
63	大叶黄杨绿篱		××		××	多年生，××株/m²，以不裸露黄土为宜	常绿绿篱，常用地被
64	金边黄杨绿篱		××		××	多年生，××株/m²，以不裸露黄土为宜	常绿绿篱，常用地被
65	红叶石楠绿篱		××		××	多年生，××株/m²，以不裸露黄土为宜	常绿绿篱，常用地被
66	直立卫矛绿篱		××		××	多年生，××株/m²，以不裸露黄土为宜	常绿绿篱，常用地被
67	金叶女贞		××		××	多年生，××株/m²，以不裸露黄土为宜	常绿绿篱，常用地被

续表

编号	中文名	规格			数量（株）	备注	使用说明
		胸（地）径	高度	冠幅			
68	瓜子黄杨绿篱		××		××	多年生，××株/m^2，以不裸露黄土为宜	常绿绿篱，常用地被
69	连翘		××		××	多年生，××株/m^2，以不裸露黄土为宜	观赏性强
70	迎春		××		××	多年生，××株/m^2，以不裸露黄土为宜	可用作不近人处地被
71	早园竹		××		××	多年生，××株/m^2，以不裸露黄土为宜	观赏性强
72	德国鸢尾		××		××	多年生，××株/m^2，以不裸露黄土为宜	观赏性强
73	蓝花鼠尾草		××		××	多年生，××株/m^2，以不裸露黄土为宜	观赏性强
74	红王子锦带		××		××	多年生，××株/m^2，以不裸露黄土为宜	观赏性强
75	芝樱		××		××	多年生，××株/m^2，以不裸露黄土为宜	观赏性强
76	佛甲草		××		××	多年生，××株/m^2，以不裸露黄土为宜	观赏性强，可替代草坪
77	北海道黄杨		××		××	多年生，××株/m^2，以不裸露黄土为宜	遮蔽性强
78	棣棠		××		××	多年生，××株/m^2，以不裸露黄土为宜	可用作不近人处地被
79	玉簪		××		××	多年生，××株/m^2，以不裸露黄土为宜	观赏性强
80	金山绣线菊		××		××	多年生，××株/m^2，以不裸露黄土为宜	观赏性强
81	麦冬		××		××	多年生，××株/m^2，以不裸露黄土为宜	常绿地被，不近人处可代替草坪大面积使用
82	小龙柏绿篱		××		××	多年生，××株/m^2，以不裸露黄土为宜	常绿绿篱，常用地被
83	暖季性草坪				××	草皮铺设，以不裸露黄土为宜	可在路边等铺设

续表

<table>
<tr><th rowspan="2">编号</th><th rowspan="2">中文名</th><th colspan="3">规格</th><th rowspan="2">数量（株）</th><th rowspan="2">备注</th><th rowspan="2">使用说明</th></tr>
<tr><th>胸（地）径</th><th>高度</th><th>冠幅</th></tr>
<tr><td>84</td><td>冷季性草坪</td><td></td><td></td><td></td><td>××</td><td>草皮铺设，
以不裸露黄土为宜</td><td>重要节点可用</td></tr>
</table>

注：1. 本表中××代表内容，可根据具体设计及造价情况填写，空白处为非必要内容。

2. 本表中的推荐苗木品种、价格及生长特性比较符合山东省黄河两岸居住区需要，建议设计单位进行苗木设计时尽量选用本表中苗木。

3. 表格中“使用说明”一栏中为推荐理由，不用体现在图纸的苗木表中。